HISTOIRE

NATURELLE ET MÉDICALE

DE LA FAMILLE

DES SOLANÉES.

HISTOIRE

NATURELLE ET MÉDICALE

DE LA FAMILLE

DES SOLANÉES,

PAR

A. F. POUCHET,

DOCTEUR EN MÉDECINE,

PROFESSEUR DE BOTANIQUE AU JARDIN DES PLANTES DE ROUEN,
MEMBRE DE LA SOCIÉTÉ D'AGRICULTURE DE CETTE VILLE, ETC.

Rouen,

F. BAUDRY, IMPRIMEUR DU ROI,
RUE DES CARMES, N°. 39.

1829.

PRÉFACE.

En commençant ces Recherches sur la famille des Solanées, j'avais rassemblé une immense quantité de matériaux afin de les rendre entièrement complètes ; mais je me suis aperçu, en suivant mon projet, que, pour embrasser l'histoire détaillée de ce groupe de plantes, l'un des plus importans du règne végétal, soit sous le rapport économique, soit sous le rapport médical, il faudrait y consacrer plusieurs volumes. Alors je me suis borné à ne présenter qu'un extrait de mon travail, où j'ai tâché de conserver seulement ce qu'il y a d'essentiel et d'éminemment utile à connaître dans cette famille si importante, tant sous le rapport historique et médical, que pour la partie botanique.

Certains genres de la famille des Solanées , à cause de leurs caractères hétéro-
gènes , auraiént pu être démembrés pour
en former de nouveaux ; mais ennemi
des innovations , plutôt envieux d'attacher mon nom à des découvertes utiles
dans la science qu'à de frivoles distinc-
tions, j'ai respecté les anciennes coupes,
et je me suis contenté de modifier les
caractères des descriptions génériques ,
afin de ne point séparer, sur de faibles
anomalies, presque imperceptibles, des
plantes que la nature semblait avoir
groupées de ses mains par l'ensemble
de leur disposition physique.

Mais si je n'ai point admis de nouveaux
genres, j'ai tâché de décrire ceux qui

existaient , avec une fidélité qui n'avait point encore été suivie , et en basant mes descriptions génériques sur un grand nombre d'histoires particulières prises, soit sur les plantes fraîches répandues dans nos campagnes ou cultivées au Jardin du Roi, soit sur les individus conservés dans les herbiers où j'ai pu avoir accès ; j'ai rectifié, après des observations scrupuleuses, les caractères de la plupart des genres de cette famille, qui jusqu'à ce jour avaient été inexactement décrits.

Je ne saurais terminer cette Préface sans m'acquitter ici de l'agréable devoir que la reconnaissance m'impose ; c'est d'adresser mes remercîmens à mon savant maître M. A. RICHARD, et pour les excellens conseils dont il n'a cessé de m'éclairer dans la partie botanique de cet Ouvrage, et pour cette bienveillance avec laquelle il m'a donné l'accès de ses vastes collections de plantes et de sa bibliothèque, qui m'ont été d'un si puissant secours dans mes recherches sur le sujet dont j'ai traité dans ce travail.

HISTOIRE

NATURELLE ET MÉDICALE

DE LA FAMILLE

DES SOLANÉES.

Première Partie.

HISTOIRE MÉDICALE DES SOLANÉES.

CHAPITRE PREMIER.

DES SOLANÉES EN GÉNÉRAL.

Les naturalistes rassemblent et groupent les
êtres de l'univers par leurs similitudes et leurs
caractères analogues, pour en tirer des corol-
laires généraux d'organisation et de propriétés.

Mais la nature, souvent lente et graduée dans ses transitions, dont toutes les phases se succèdent et s'enchaînent avec la plus grande harmonie, se trouve aussi quelquefois brusque et rapide dans ses divers changemens. Ces accidens, en favorisant tour-à-tour ou entravant nos systèmes, les ont toujours rendus difficiles et incomplets : aussi devons-nous, à l'exemple de l'illustre Daubenton, n'admettre les généralités de la science qu'avec la plus scrupuleuse réserve, et plutôt comme d'ingénieuses hypothèses que comme des bases rigoureuses ; c'est en cessant d'imiter cette louable prudence que les esprits se sont un peu égarés sur les plantes Solanées, dont nous faisons l'histoire, en prenant trop à la lettre l'ingénieux aphorisme de la philosophie botanique de Linné : « *Plantæ quæ genere conveniunt, etiam virtute conveniunt: quæ ordine naturali continentur, etiam virtute propriùs accedunt.* » D'après cela, parce que quelques plantes de la famille des Solanées étaient douées de propriétés vraiment délétères, ou seulement revêtues d'un feuillage penché, peint d'un vert sombre, on ne balança point à signaler tout leur groupe comme dangereux et malfaisant ; Linné lui-même les frappa de réprobation en leur appliquant le nom de

Luridæ (Livides), et en effet, on ne les appela plus que les *livides*, les *vénéneuses Solanées ;* c'est ainsi que l'on calomnia ces précieux végétaux, qui rivalisent presque en bienfaits avec les céréales, et offrent à la médecine les plus héroïques médicamens.

Les plantes de la famille dont nous nous occupons présentent tour-à-tour des propriétés salutaires ou funestes, ou sont tout-à-fait inertes ; et si leur attitude penchée, la couleur terne et rembrunie de leurs feuilles, l'odeur repoussante de quelques espèces leur ont mérité des noms si peu flatteurs, on ne peut cependant, sans injustice, flétrir du nom de *suspecte* ou *hideuse* la famille qui, d'un côté, nous offre les bienfaits de la Pomme de terre, les fruits succulens de la Tomate et de l'Aubergine, et les adoucissantes Molènes ; et qui, de l'autre, étale d'aussi brillantes corolles que celles des *Datura*, et se décore des magnifiques girandoles de fleurs roses qui jaillissent des Nicotianes.

Toutes les zônes du globe sont fertiles en Solanées ; quelques-unes végètent vers les pôles glacés, mais c'est principalement dans les régions équatoriales que cette famille étale profusément tout le luxe et la beauté de ses fleurs les plus brillantes. L'Amérique équinoxiale semble surtout leur patrie favorite, et c'est dans le sein de ses vastes contrées que naissent la plupart des *Solanum*, les beaux *Datura*, les *Lycopersicum*, et beaucoup de *Cestrum*. Les Jusquiames, au contraire, et les Molènes, ordinaires habitans de l'ancien continent, ne se sont point encore montrées dans le Nouveau-Monde. Tous les sites de la nature sont peuplés de ces végétaux ; mais il semble que les plus belles Solanées n'aient voulu développer leurs fleurs que sous les feux et la lumière des tropiques ; tandis que celles douées d'un aspect plus humble cherchent à se cacher dans l'ombre des bois, dans les décombres, ou à l'entrée des cavernes désertes.

Les inculpations portées contre les Solanées diminueront beaucoup, si l'on considère que cette famille, si injustement dédaignée, rend cependant d'immenses services à l'humanité. Grâce aux efforts de nos philantropes, la bienfaisante *Pomme de terre* propage l'abondance dans les classes malheureuses de la société, et déjà dans quelques pays elle remplace entièrement le pain. La *Morelle des montagnes*, dont la culture nous enrichira peut-être un jour, contient aussi beaucoup de fécule alimentaire. Les gros fruits succulens de l'*Aubergine* sont très-recherchés dans le midi, et la *Tomate* est devenue d'un usage général. Les *Coquerets* ont des fruits acidules qui se mangent dans plusieurs contrées. Les *Pimens* nous offrent des assaisonnemens agréables, très-souvent employés. Déjà la *Douce-amère* et la *Morelle noire* ont été retranchées de la classe des poisons, par M. Dunal ; et l'on est d'ailleurs certain que cette dernière plante est fréquemment usitée comme aliment dans le midi. Peut-être que des observations aussi exactes sur beaucoup de Solanées empêcheraient de les suspecter autant, et réduiraient de beaucoup le nombre de leurs espèces réputées énergiquement vénéneuses.

Mais ne nous hâtons point de condamner ces dernières, et souvenons-nous que si la nature souffre quelquefois le mal dans ses ouvrages, elle sait aussitôt l'utiliser, et qu'elle nous découvre souvent un bienfait caché sous les plus nuisibles apparences. Tel est, en effet, le sort des Solanées, dont les plus terribles deviennent les plus efficaces dans l'art de guérir, et qui voient souvent leurs homicides poisons transformés en médicamens bienfaiteurs de l'humanité. C'est ainsi que les sombres

Belladones, les *Jusquiames*, qui repoussent par leur triste attitude, ou dont l'odeur infecte nous éloigne, sont saisies avec reconnaissance par le malade en proie aux douleurs de phlegmasies cruelles, ou tourmenté par les élancemens d'un cancer irrité. Par leur usage salutaire il calme ses souffrances, en éloigne les accès, retrouve le repos et le sommeil qui le fuyaient, et, dans l'ivresse de sa gratitude, il bénit leurs sucs, devenus pour lui bienfaisans. Beaucoup d'autres végétaux de cette famille opposent encore leurs bonnes qualités pour faire oublier ses dangers : ainsi, tandis que les *Molènes* émolientes adoucissent les ardeurs des irritations pulmonaires, les fruits acidules de l'*Alkekenge* étanchent la soif, et éteignent les brûlantes douleurs des maladies de l'appareil urinaire.

Qui croirait même que certains hommes eussent jamais songé à utiliser les sucs les plus dangereux de ces plantes au profit de leurs jouissances ? Et cependant les Persans, les Égyptiens et les habitans de quelques contrées de l'Amérique, ont su profiter de leurs vertus stupéfiantes et de leur action enivrante pour en composer des breuvages dans lesquels ils trouvent l'oubli de leurs maux. Bien plus,

soustraits aux peines de ce monde par l'usage
de ces liqueurs, qui enchaînent leurs sens, ces
malheureux se plongent dans des ravissemens
inexprimables. En proie à ces douces erreurs,
ils se croient détachés de la terre et transportés
dans des lieux imaginaires, où leurs sens avides
épuisent toutes les voluptés : trop heureux si
leur triste réveil ne les rappelait bientôt à leur
misère et à l'horreur de l'esclavage ! Obligé de
glisser sur ces phénomènes, combien nous
regrettons de ne pouvoir nous livrer à l'analyse
de ces idées insolites et à l'étude de ces aberra-
tions de l'esprit ! En effet, quel vaste champ
elles peuvent offrir aux méditations du philo-
sophe ! Par quel mécanisme naissent ces sensations délicieuses sous l'empire de substances
qui donnent la mort ; ou quels changemens
matériels peut subir l'organisme intellectuel
sous l'influence de ces plantes, pour déterminer
ces idées ?...

Quoiqu'on s'efforce d'attacher une idée de
tristesse aux Solanées, on ne peut s'empêcher
d'avouer que tout luxe de végétation ne leur
a point été refusé par la nature : c'est en effet
dans ce groupe de végétaux que les *Datura*
étalent la magnificence de leurs vastes et belles
corolles, et que les cloches azurées des *Nicandra*

leur disputent le prix de la beauté. La tige du Tabac élance avec profusion de superbes panicules de fleurs du plus brillant aspect, et les jolies grappes pendantes que forment les corolles de la Markée écarlate couvrent d'une riche parure les plantes qui prêtent à ses faibles tiges l'appui de leurs rameaux. Quelques *Solanum* se décorent d'une floraison tellement abondante, qu'on les prendrait pour une véritable corbeille de fleurs : tel est le *S. lycioides*, dont le charme est encore rehaussé par l'atmosphère embaumée dont il s'environne. La séduction des odeurs se rencontre, il est vrai, peu fréquemment dans cette famille ; cependant les corolles du *Datura ceratocaula* exhalent un parfum suave et délicieux, et il est certain que les fleurs de la Pomme de terre sont légèrement odorantes à l'époque de leur épanouissement, quoique ce dernier fait ne soit pas en rapport avec l'opinion de M. Dunal, qui croit que tous les *Solanum* sont entièrement dépourvus d'odeur.

Dès l'enfance de l'art, les médecins de la Grèce et de l'Égypte employèrent plusieurs Solanées ; mais, quoique les traités anciens fassent mention de quelques-unes de leurs propriétés thérapeutiques, ce n'est que bien récemment que toutes leurs vertus ont été

justement appréciées, et qu'on a considérablement étendu l'emploi de ces plantes, en même
temps qu'un plus grand nombre a été rendu
tributaire de la médecine.

Pour apprécier les mutations physiologiques
ou les phénomènes morbides que produisent
les végétaux de cette famille, et se rendre
compte de leurs vertus curatives, dont la
pathologie reçoit de si nombreux secours, il
faut examiner scrupuleusement les modifications successives qu'éprouve l'organisme sous
l'influence des plus petites quantités, comme
sous l'agression des doses les plus effrayantes.

Comme les symptômes que déterminent
toutes les Solanées ont la plus grande analogie
entr'eux, nous en ferons seulement une description générale, en ayant soin de faire ressortir les différences qu'ils peuvent présenter
selon les espèces ; mais c'est du groupe de
phénomènes produits par la Belladone, les
Jusquiames, les *Datura* et les Nicotianes, que
nous entendrons spécialement parler, et c'est
de ces plantes que nous avons voulu principalement représenter l'action et les désordres.

Administrées aux plus faibles doses, les
Solanées laissent déjà se déceler leur action
excitante : le goût amer et ordinairement âcre

de leurs sucs , fait bientôt éprouver aux lèvres et dans toute la bouche une sécheresse accompagnée de soif, et quelquefois aussi d'un peu de chaleur épigastrique. Si l'usage en est continué, toutes les fonctions subissent une augmentation d'énergie : la faim devient plus vive, on éprouve quelques coliques légères , que suivent parfois des déjections alvines ; et , dans certains cas, il se développe des douleurs dans la région de l'estomac , presque tous effets opposés à ceux produits par les préparations opiacées. En même temps le pouls s'anime , la peau devient le siége d'une légère diaphorèse ; les urines sont plus abondamment sécrétées , et l'on peut remarquer par momens du ptyalisme ; plus tard , la face se colore de teintes rouges foncées , un sentiment de gêne sus-orbitaire et des douleurs d'yeux se font continuellement ressentir , et bientôt, l'appareil cérébral continuant à manifester son trouble par des éblouissemens et des vertiges, le malade tombe dans un sommeil agité , accompagné de rêvasseries.

Si la dose de ces plantes est encore augmentée , le sentiment de pesanteur et de gêne au-dessus des orbites devient plus pénible , et il se change bientôt en un accablement extrême,

au milieu duquel les facultés morales et intellectuelles s'obscurcissent ; les vertiges , les
éblouissemens redoublent , et les tempes se
resserrent de plus en plus douloureusement ;
la vue , s'éteignant par degrés , les objets se
couvrent de voiles épais ; l'ouïe et les autres
sens se troublent et tendent à s'anéantir ; le
corps s'affaisse sur ses extrémités affaiblies ; le
visage est rouge et tuméfié , et les yeux , se
projetant hors des orbites , laissent découvrir
leurs pupilles énormément dilatées. Au milieu
de ces symptômes redoutables , dans les intervalles d'un sommeil accablant ou du plus profond narcotisme , se déclare un délire parfois
sombre et farouche , d'autres fois bruyant et
furieux , qui , par sa durée et son intensité ,
donne la mesure des troubles provoqués dans
les sources de l'intelligence ; enfin , des secousses convulsives , qui se répètent dans tous
les organes locomoteurs , indiquent l'agression de l'encéphale et dévoilent ses souffrances.

Mais tous ces groupes de phénomènes , ces
effrayantes révolutions qui menacent déjà la
vie , ne permettent plus alors de considérer ces
substances comme des agens curatifs , et là ,
elles échappent au thérapeutiste , auquel la
nature ne permet pas de manier ses ressources

2 *

aussi audacieusement. C'est de ce moment que l'on voit se manifester les plus singuliers et les plus formidables désordres : l'affaissement de toutes les fonctions cérébrales ou leur énergie surnaturelle se développent, se succèdent tour-à-tour. C'est en vain qu'on chercherait dans la pensée les matériaux de ces créations fantastiques et déréglées : l'esprit égaré de ces malheureux, qui n'est alors impressionné que par des sensations informes et imaginaires, n'enfante plus que d'horribles et épouvantables chimères, qui annoncent l'anéantissement ou la perversion désolante de toutes les facultés idéales.

C'est alors que le médecin peut observer les actions les plus singulières et les perceptions les plus insolites. Certains individus, enflammés d'un délire furieux, courent çà et là en proférant d'horribles vociférations ; d'autres croient leurs oreilles frappées de bruits confus ou de formidables détonations ; tantôt ces malheureux fuient et courent sur un sol qui leur semble tourner et se dérober sous leurs pas, en les entraînant dans ses tourbillons ; tantôt ils croient errer abandonnés dans des lieux sauvages, aux bords de précipices qui menacent de les engloutir ; quelques-uns, horriblement tourmentés par ces visions chimériques qui les accablent, ne voient plus que des spectres hideux et d'effrayantes apparitions, et, poursuivis par ces images menaçantes, sans courage pour y résister, ils restent en proie aux terreurs de la mort. D'autres fois, ces scènes d'effroi sont remplacées par un tableau tout opposé : on observe un silence stupide ou des ris inextinguibles, ou enfin on est témoin d'un délire extatique, dans lequel les individus s'imaginent goûter des joies ineffables; bercés par les plus séduisantes impressions, livrés à des songes délicieux de bonheur et d'ivresse, ils participent à la fois aux plaisirs de la terre et aux ravissemens du ciel, vers lequel ils se croient même souvent enlevés à travers les airs.

Mais bientôt le réveil dissipe toutes ces vagues illusions d'un délire et d'un sommeil narcotiques. Cependant la fatale impression du poison ne s'efface point aussi promptement, et, si la dose en fut trop forte, on en verra, après des mois, des années, ou même pendant toute la vie, les traces se déceler encore par un affaiblissement ou la perte absolue de la mémoire, des paralysies diverses, ou enfin une démence incurable.

Si l'effet des Solanées doit avoir des suites

plus dangereuses, de plus effrayans symptômes se manifestent encore : le plus souvent, ce sont des douleurs d'estomac, des nausées, de fréquens vomissemens, et des coliques atroces accompagnées de déjections sanglantes ; le malade semble plongé dans un sommeil dont rien ne peut l'arracher, et que suit un affaissement excessif de toutes les forces de la vie : on observe en lui des tremblemens et tout l'appareil des signes de la plus effrayante adynamie ; l'abdomen se météorise, et quelquefois même tout le corps se gonfle et se couvre de taches gangréneuses ; alors la respiration devient embarrassée, stertoreuse, et les inspirations ne s'opèrent plus qu'à de longs intervalles ; la circulation est frappée de la même atonie, et les pulsations du cœur, rares et débiles, deviennent quelquefois imperceptibles ; un froid glacial, présage sinistre, envahit toute l'économie ; des lipothimies alarmantes se succèdent rapidement, et enfin la mort, qu'annonçaient depuis long-temps ces symptômes précurseurs, arrive pour voiler ce déchirant tableau.

Les effets des diverses plantes vénéneuses de la famille des Solanées diffèrent un peu selon les espèces qui ont été ingérées. Ainsi,

les observateurs ont remarqué que le délire
provoqué par la Belladone portait un caractère
particulier de gaîté qui pouvait servir à le caractériser, et qu'il était souvent accompagné de
nausées et de vomissemens sans douleurs épi-
gastriques ; qu'en outre, cette plante produi-
sait une grande dilatation des pupilles, leur
immobilité, et la perte passagère de la vision.
Les Jusquiames, au contraire, font naître un
délire furieux, pendant lequel le malade pousse
des vociférations épouvantables, suivies d'un
narcotisme profond. Les *Datura* déterminent
la plus violente réaction sur l'encéphale et les
méninges ; on s'en aperçoit au sommeil pénible
et agité de convulsions, qu'éprouve le malade,
et à l'aliénation mentale passagère qui le suit
ordinairement. Le délire que produisent ces
plantes est d'ailleurs turbulent, et accompagné
d'une violente inflammation des organes diges-
tifs, qui ne se remarque pas dans l'emploi des
Jusquiames, mais qu'explique suffisamment la
nature âcre des *Stramonium.* Le Tabac, recé-
lant de puissans principes narcotico-âcres, manifeste son action par une violente irritation de
l'estomac et des intestins, caractérisée par d'effrayans vomissemens, des coliques excessives,
et des selles très-fréquentes quelquefois mêlées

de sang : on observe aussi des vertiges et surtout des tremblemens qui deviennent continuels. On peut regarder la dilatation de la
pupille comme un caractère général de l'empoisonnement par les Solanées ; le Tabac fait
seul exception à cette règle.

Après la mort par les Solanées, les lésions
cadavériques se trouvent souvent bien éloi-
gnées du dépôt de la substance vénéneuse,
quand toutefois elle ne possède pas de qualités
âcres ; car la plupart de ces substances agissent
d'après l'absorption de leurs principes et leur
séjour dans le torrent circulatoire, d'où ils im-
pressionnent tous les points de l'organisme,
en perturbant principalement le système nerveux. Cependant, l'estomac décèle souvent le
contact de ces poisons par une rougeur plus
ou moins vive, qui acquiert quelquefois l'intensité du rouge cerise ; on a même trouvé
cet organe profondément corrodé et rempli
d'ulcérations : de semblables désordres se font
remarquer dans la continuité du tube digestif.
Le cerveau laisse toujours apercevoir la violente
irritation dont il a été le siége : ne manquant
jamais de subir une forte congestion, il se
trouve gorgé de sang, et offre par fois des
traces d'inflammation. Les poumons sont

presque aussi constamment le siége de lésions ;
on les trouve rouges ou violacés, remplis de
fluide sanguin et plus denses que dans l'état
normal. Enfin, il se manifeste par fois certaines
éruptions cutanées, dont les stigmates sont
encore apparens sur le cadavre ; la peau peut
même se trouver couverte d'escharres, et certains viscères frappés de gangrène n'offrent plus
que leurs débris à l'observateur après l'extinc-
tion de la vie.

Cette action redoutable de certaines Solanées
sur l'organisme humain, et leurs effets terribles
dont nous venons d'esquisser le tableau, n'ont
point, cependant, empêché d'employer ces
plantes dans beaucoup de maladies, et l'empirisme audacieux sut en obtenir des succès dans
nombre d'affections du système nerveux, dont
leur puissance semble exciter tous les ressorts.
Cependant, l'emploi de ces plantes a souvent
triomphé des troubles morbides les plus direc-
tement opposés, et l'on a vu le succès couronner
leur usage dans le traitement des convulsions,
de l'épilepsie et de la chorée, en même temps
qu'elles guérissaient des hémiplégies et d'autres
paralysies. Bien plus, ces végétaux, qui troublent si terriblement les facultés intellectuelles,
ont été secourables dans les désordres de l'in-

telligence, tels que la manie, la folie et la mélancolie. La famille des névroses leur dut encore des secours dans le traitement de l'hystérie, de l'hypocondrie, etc., etc.

Ces oppositions que nous venons de remarquer dans l'action des Solanées peuvent s'expliquer, quand on prête une attention rigoureuse aux effets qu'elles produisent sur l'homme. D'abord on découvre dans ces plantes une action irritante, spécialement dirigée contre l'encéphale et les méninges, et sur laquelle ne laissent aucun doute le resserrement des tempes, la chaleur et la rougeur de la tête, la céphalalgie, le délire, l'agitation et les convulsions qui surviennent. Ce n'est que quand l'irritation a attiré assez de fluides au cerveau, quand elle y a amassé la congestion sanguine qui distend cet organe et le comprime dans sa boîte osseuse, que se découvrent l'espèce de narcotisme et la stupeur qui envahissent alors les malades ; mais ici ce narcotisme ne marque point, comme dans les effets de l'opium, l'assoupissement du système nerveux, il dénote seulement que ce système est comprimé, et qu'il ne peut plus manifester extérieurement l'agression pénible qui le tourmente. Alors, cessent les symptômes d'irritation, et apparaissent la stupeur et le

narcotisme ; ces mots cependant doivent s'en-
tendre dans une acception particulière lorsqu'il
s'agit de l'action des Solanées, puisque l'on
voit qu'au lieu de tenir à la diminution de l'énergie vitale du système nerveux, ces effets ne
sont que le résultat d'une compression cérébrale.

On peut concevoir que, dans certains cas
d'irritations pathologiques de l'encéphale, les
Solanées aient été utiles par la perturbation
qu'elles ont opérée sur l'organe cérébral et
ses dépendances, en troublant ses mouvemens
morbides, et rendant cet organe au rhythme
normal de ses fonctions ; et c'est surtout dans
ces cas que l'on a dû porter les doses jusqu'à
des quantités considérables, dont toutefois on
surveillait soigneusement les effets. Au reste,
dans de semblables circonstances, il n'est point
de succès pour le praticien timide.

On a vu aussi nos plantes guérir des maladies
dont la nature semblait tout-à-fait opposée aux
irritations, par exemple, des paralysies, affections dues à la suspension absolue de l'influence
encéphalique sur les masses musculaires ; dans
ces cas, leur stimulation ranimait la vitalité
affaiblie du cerveau et de la moelle épinière,
et rétablissait l'influence nerveuse sur les
organes locomoteurs. C'est encore par un même

mode d'action que des Solanées ont contribué à la guérison d'hémiplégies dues à des épanchemens cérébraux : leur emploi continu, en stimulant légèrement le cerveau, favorisait la prompte absorption du liquide épanché qui, par la compression, déterminait la paralysie.

Si les Solanées ont été utiles dans les scrophules, si elles en ont favorisé la résorption, n'est-ce pas en répercutant sur les tissus hypertrophiés leur stimulation légère et soutenue? ou bien n'est-ce pas en remédiant à l'atonie générale qui règne dans ces maladies? Dans d'autres circonstances leurs bons effets, nés de leurs qualités irritantes, n'ont-ils pas été dus à des dérivations salutaires sur les organes éloignés? Ainsi, dans les squirrhes, quelques succès vantés ont-ils paru être opérés par le transport éloigné des fluides et la sédation de la douleur, qui, en arrêtant la turgescence pathologique, ont dissipé ses produits?

CHAPITRE SECOND.

DES SOLANÉES EN PARTICULIER.

Des Molènes.

Des propriétés salutaires et bienfaisantes distinguent le genre Molène ou *Verbascum* des autres Solanées, et les fleurs de différentes espèces sont utilement employées en médecine comme adoucissantes et faiblement calmantes. La Molène Bouillon-blanc, *V. thapsus*, L., est la plus usitée ; c'est une plante herbacée qui semble originaire des pays chauds, si l'on en juge par l'accroissement qu'elle y acquiert, et dont la tige, parée de larges feuilles blanches et lanugineuses disposées en rosettes, s'élève et croît dans les lieux arides et les décombres ; ses fleurs, faiblement odorantes, forment de beaux épis presque thyrsoïdes, composés de corolles jaunes, dont les filets sont couverts de poils blancs nombreux.

Ce sont les fleurs que l'on emploie sur-tout en médecine, où leurs propriétés adoucissantes et faiblement calmantes ont été souvent utiles pour apaiser les ardeurs de poitrine, calmer la toux opiniâtre des nuits, et procurer un repos salutaire aux malades dans les catarrhes bronchiques et les autres phlegmasies pulmonaires. Ces bienfaits, appréciés et reconnus dans ces maladies, en ont rendu l'usage vulgaire, et M. Poiret l'a trouvé non moins répandu sur les bords du Rhin, de la Vistule et du Tibre, qu'au milieu de nous, aux rives de la Seine et de la Loire. Les mêmes principes mucilagineux se retrouvent aussi dans les feuilles ; et le docteur Gilibert, qui a fait un si brillant éloge des vertus de la Molène, dit que leur décoction est *admirable* pour calmer les douleurs de la dysenterie ; il préconise aussi leur infusion comme un des meilleurs adoucissans dans les phlegmasies de la muqueuse intestinale, les toux convulsives, et enfin dans toutes les affections nerveuses et spasmodiques où le médecin n'a qu'à s'occuper de calmer et de diminuer l'agitation et l'érétisme des malades. La décoction de cette plante, employée en fomentation, a souvent dissipé de vives douleurs abdominales, et l'on a préconisé sa préparation en conserves pour amortir les élancemens de la dartre rongeante et des ulcères douloureux.

Risler rapporte que les paysans de la Norwége et de l'Irlande ont étendu l'usage des Molènes à la médecine vétérinaire, pour com-

battre la toux des bestiaux ; dans certaines contrées, les malheureux se chauffent avec leurs
tiges, ou les recouvrent de poix pour servir
à l'éclairage, tandis que dans d'autres leur
duvet est employé à l'instar d'amadou ou pour
faire des moxas.

Les *V. montanum*, *V. phlomoides*, L. ,
V. pulverulentum, SMITH, et *V. nigrum*, L.,
ont souvent suppléé au Bouillon-blanc ; ils en
possèdent les vertus, qui se retrouvent aussi
dans le *V. lychnitis*, L., dont la racine a été préconisée contre l'ictère par Gilibert et Peyrilhe.
Une autre espèce, la Molène blattaire, *V. blattaria*, L. , dont le nom tire son origine de
la propriété illusoire qu'on lui attribuait de
tuer les *blattes*, fut autrefois usitée comme
vermifuge ; mais cette vertu imaginaire, con-
sacrée par les anciens, est maintenant oubliée.

Une seule espèce se recommande et mérite
d'être mentionnée par sa beauté, c'est la
Molène écarlate, *V. phœniceum*, L., dont les
fleurs empourprées décorent agréablement nos
jardins-paysages. Quoique les Molènes soient
dédaignées par la plupart des animaux, il
serait cependant injuste d'omettre que leurs
fleurs, sans cesse visitées par de nombreux
essaims d'abeilles, leur fournissent abondam-

ment les riches matériaux de leur miel , qu'elles préfèrent cependant recueillir sur la Molène floconneuse.

Des Nicotianes.

Le genre Nicotiane, *Nicotiana*, est un des plus utiles à connaître parmi ceux de la famille des Solanées, à cause de ses usages et de l'extension qu'a reçue la culture de plusieurs espèces. L'attention doit s'arrêter d'abord sur la plus répandue, le *N. tabacum*, L., ou Tabac, grand végétal herbacé, dont la tige, qui s'élève à cinq ou six pieds, porte de très-vastes feuilles, et se termine par de magnifiques bouquets de fleurs roses.

Presque toutes les Nicotianes sont originaires d'Amérique. Le Tabac y fut d'abord connu par les Espagnols de l'île de *Tabago*, qui le désignèrent sous ce nom. Cette plante, déjà propagée dans le Portugal, nous en fut apportée par l'ambassadeur de France, Nicot, qui, à son retour dans son pays, l'offrit à Catherine de Médicis : de là les noms de *Nicotiane* et d'*Herbe à la reine*, qui furent donnés à cette plante. Mais ce ne fut que sous le règne de Louis XIII, pendant le ministère du cardinal

de Richelieu, que le Tabac se répandit généralement et que les usages s'en multiplièrent.

La destinée de cette plante devait éprouver
toutes sortes de vicissitudes : tantôt ses qualités furent brillamment prônées , et l'on ne
balança pas à la nommer *Herbe sainte*, *Herbe
sacrée*, *Panacée antarctique*, en ajoutant foi
aux miraculeuses propriétés que lui attribuaient
les habitans de la Floride et les Brésiliens. Un
jésuite polonais écrivit même un poëme en son
honneur. D'autres fois , le ridicule et d'horribles persécutions tâchèrent de restreindre ou
d'abolir son usage , et les rois semblèrent se
liguer pour l'anéantir tout-à-fait. Jacques Ier.
déclara à l'Angleterre que le Tabac devait être
extirpé comme une herbe suspecte , et ce roi
publia même une satire contre les fumeurs. Le
pape Urbain VIII et Clément XI ne craignirent
pas de lancer des bulles et de fulminer l'excom-
munication contre tous ceux qui prendraient
du Tabac dans les églises. Une ordonnance de
Transylvanie menaça de la perte des biens ceux
qui cultivaient cette plante. La cruauté fut
encore poussée plus loin en Perse , en Turquie
et dans la Russie, où l'on vit Amurat IV et
le grand duc de Moscovie en défendre l'usage
sous peine de la perte du nez, ou même de la

vie ; cependant , ni le ridicule ni les menaces n'arrêtèrent la propagation du Tabac , que la violence de ses détracteurs fit peut-être désirer davantage.

Le Tabac est un poison narcotico-âcre extrêmement énergique. Son analyse a été faite par M. Vauquelin , et l'on a vu que sa virulence dépendait d'une huile empyreumatique excessivement âcre qu'il contient , et dont les moindres quantités ont suffi pour tuer subitement des animaux , dans les expériences de MM. Brodie et Macartney.

Diemerbroeck rapporte que des pestiférés , séduits par la guérison miraculeuse de l'un d'eux à l'aide d'une décoction de Tabac , essayèrent le même moyen ; mais qu'ils succombèrent tous au milieu des phénomènes les plus alarmans. Tout le monde connaît la mort du poëte Santeul, qui expira dans des coliques atroces , après avoir bu du vin dans lequel on avait jeté malicieusement du Tabac d'Espagne. L'usage extérieur de cette plante n'a pas même été à l'abri de dangers : on lit dans les Éphémérides des curieux de la nature, que des enfans affectés de la teigne , que l'on pansait avec un topique contenant du Tabac , éprouvèrent des vomissemens et des syncopes. *Vandermonde*, enfin, raconte que des galeux qui se frictionnaient avec sa décoction éprouvèrent aussi des vomis-semens, et de plus de violentes convulsions.

Nous avons déjà vu, dans le tableau général des symptômes que déterminait l'emploi des Solanées, que le Tabac manifestait surtout ceux de la plus violente irritation, caractérisée par des vomissemens continuels accompagnés de tranchées insupportables, et suivis de déjec-tions sanglantes ; mais ensuite, quand les radi-cules absorbantes ont entraîné cette substance dans le torrent circulatoire, on voit se déve-lopper la série ordinaire des signes qui indiquent l'irritation de l'encéphale, tandis que des ver-tiges et des *tremblemens continuels*, joints aux déjections excessives et à la non-dilatation de la pupille, restent pour caractériser l'empoi-sonnement par le Tabac. Les lésions cadavé-riques confirment encore sa nature irritante : ainsi MM. Orfila et Brodie ont remarqué de violentes inflammations du canal digestif et des engorgemens des poumons et du cerveau, déterminés par l'ingestion de cette plante.

Imitant les sauvages dans leur crédulité sur les vertus médicales du Tabac, nous avons tenté plus d'une fois d'introduire cette plante dans notre thérapeutique, et d'éprouver contre diverses maladies ses énergiques propriétés ; mais l'expérience a bientôt fait justice des prérogatives dont on l'avait inconsidérément décorée, et l'on en a singulièrement restreint l'emploi de nos jours.

Diemerbroeck regardait cette plante comme un excellent prophylactique de la peste, et depuis long-temps elle était employée en frictions contre les maladies de la peau, telles que la gale, la teigne et les ulcères sanieux. Fowler regardait cette substance comme un agent précieux contre l'hydropisie, où il croyait qu'elle ranimait l'absorption languissante en même temps qu'elle augmentait la sécrétion urinaire, dernier fait qui a été reconnu par M. Fouquier. Le Tabac a été fréquemment administré par les voies alvines dans les apoplexies et les asphyxies, pour ébranler tout le système nerveux, et procurer à l'organisme une vive commotion capable de ranimer la vie prête à s'éteindre ; mais, dans ce cas, il est essentiel de ne l'administrer qu'avec beaucoup de prudence ; car si son action irritante allait jusqu'à se propager à la tête, les accidens deviendraient bien plus redoutables. Les Anglais ont proposé l'usage de cette plante dans les hernies étranglées pour provoquer des contractions intestinales , mais , dans un grand nombre de ces cas, il nous a paru très-peu efficace. On avait proposé aussi de se servir de cette substance comme éméto-cathartique , mais elle attaque les tissus avec tant de violence , que ses effets prennent bientôt le caractère toxique; et on l'a vue même déterminer le retour de l'épilepsie, de la manie et de l'hystérie. Ces considérations doivent empêcher d'y recourir , excepté dans les cas où les vomissemens seraient impérieusement indiqués, et où les autres substances auraient été impuissantes pour les provoquer.

Le docteur Anderson a récemment publié des observations qui tendaient à prouver l'utilité du Tabac dans le tétanos traumatique. Il serait à désirer que de nouveaux succès confirmassent cette propriété contre une aussi redoutable maladie.

Enfin, le sirop de Nicotiane , que l'on avait préconisé comme expectorant , devait sans doute cette qualité à son action irritante.

Les plus virulentes disputes ont eu lieu sur l'usage habituel de cette plante , depuis qu'il s'est répandu d'une manière si prodigieuse. En effet , pouvait-on penser que ce poison américain , d'une odeur désagréable et d'une saveur âcre et insupportable , deviendrait un jour une source de jouissances pour tant d'individus ? La poudre de Tabac, aspirée par le nez, produit un agréable chatouillement en irritant la membrane pituitaire. La stimulation de la pulpe nerveuse des agens de l'olfaction, se transmet au cerveau, excite la vitalité de cet organe, et ses fonctions s'exécutant alors avec plus d'énergie, l'esprit en reçoit une lucidité inaccoutumée. Quand son usage est trop abondant, on remarque que la membrane des anfractuosités nasales s'épaissit et devient dense et racornie, et que la finesse de l'odoration diminue, ou que ce sens s'anéantit entièrement. L'habitude de fumer le Tabac s'est généralement répandue, et l'on conçoit que cet usage a pu devenir utile dans quelques asténies du système lymphatique, en réveillant l'énergie abattue de tous les organes. Quelques peuples du nord trouvent, dans l'usage de la pipe, une stimulation que les hygiénistes regardent comme salutaire contre la température froide et brumeuse de leur climat. Cette habitude, sans d'aussi bonnes raisons pour la justifier, s'est aussi étendue dans le midi ; et les Orientaux, qui en font même un des délices de leur vie oisive et voluptueuse, fument sans cesse un Tabac dont la vapeur se dépouille de son âcreté en traversant des vases remplis d'eau , et se mêle dans leur bouche avec le parfum de l'ambre qu'ils mâchent continuellement ; mais on remarque qu'en général cette coutume se trouve plutôt répandue dans les classes malheureuses de la société , parmi les peuplades sauvages , et dans les gouvernemens tyranniques, que sous un beau ciel où l'homme respire en paix , et n'est point réduit à chercher d'aussi tristes distractions contre la misère et l'ennui.

Toutes les autres Nicotianes paraissent être vénéneuses : telles sont les *N. rustica* , L. , *N. quadrivalvis* , Pursh. , et quelques autres espèces que l'on emploie aux mêmes usages que le Tabac ; mais leurs principes ne sont point aussi énergiques.

Des Nicandres.

Si les *Nicandra* n'offrent aucune ressource à l'économie domestique ou à la médecine , le *N. physalodes* , Guert. , ornement récent de nos jardins , nous en dédommage agréablement par la beauté de ses charmantes corolles en cloche , d'un bleu azuré , auxquelles succèdent plus tard des fruits entourés de leurs

calices , et semblables à de légers grelots suspendus à ses branches.

Des Jusquiames.

Les désordres que les végétaux du genre
Jusquiame ou *Hyosciamus* peuvent susciter
dans l'économie animale par leurs qualités vénéneuses , ou les ressources que la thérapeutique
peut tirer de leur action sur l'organisme
morbide , doivent arrêter notre attention sur
l'histoire de ces plantes , dont le feuillage pâle
et flasque , dont le triste et sombre aspect et
l'odeur repoussante , font pressentir les funestes
propriétés. Le revers de nos côtes solitaires ,
l'ombre des antiques démolitions, voient s'élever
la Jusquiame noire , *H. niger*, L. ; son attitude
lugubre , ses fleurs d'un jaune pâle , veinées de
pourpre , et la vapeur infecte qu'elle exhale
annoncent un être malfaisant , et semblent
repousser la main qui va la cueillir.

Les désordres occasionnés par cette herbe déterminent chez l'homme les sensations insolites
les plus extraordinaires ; elles se manifestent
et se réfléchissent dans toutes les parties de
l'organisme , en agissant principalement sur
les fonctions encéphaliques , en pervertissant

la raison et les affections morales , et en troublant ou anéantissant la mémoire : toutes propriétés générales des plantes de cette famille.
Quant au caractère particulier de son action , il
consiste dans un délire furieux , auquel succède
l'aphonie et une extrême stupidité : appareil
formidable de symptômes qui ne laisse aucunes
lésions dans l'estomac , comme le démontrent
les expériences de M. Orfila , qui range cet
agent parmi les poisons narcotiques. Au reste ,
son effet délétère avorte contre beaucoup de
nos animaux domestiques qui broutent cette
plante avec avidité.

Les ouvrages de Linné, Wepffer, Boerhaave,
Van-Swiéten, Haller, Spielmann , Sauvages et
de M. Alibert , sont d'une malheureuse fécon-
dité ne exemples d'empoisonnemens produits
par la Jusquiame, que la funeste ressemblance
de ses feuilles avec la Chicorée , et celle de ses
racines avec les Panais , a fait souvent cueillir
pour ces deux plantes. Sauvages nous a tracé
l'histoire de cette méprise chez deux époux
qui mangèrent des racines de Jusquiame noire,
et un individu qui avala une soupe faite avec
ses feuilles. Des religieux ayant collationné
avec de la Chicorée inconsidérément mêlée à
deux racines de Jusquiame, Wepffer rapporte

que tout le couvent fut empoisonné, et que plusieurs de ces pieux cénobites, après avoir éprouvé les différens accidens du narcotisme, conservèrent un affaiblissement considérable de la vision. Potovillat raconte que neuf individus furent frappés d'aphonie et possédés d'un délire furieux, pour avoir bu du bouillon contenant des racines de cette plante ; et le docteur suédois Blom a vu dans ce cas les symptômes les plus terribles se manifester par des éruptions gangréneuses aux jambes, avec un état soporeux alarmant ; enfin, Simon Paulli a tracé la déplorable mort de plusieurs paysans qui avaient mangé de la Jusquiame noire par mégarde.

Les exhalaisons même qui s'élèvent de ce végétal ne sont pas sans danger pour l'homme; elles ont été assez subtiles pour pénétrer le système nerveux, et produire une sorte d'engourdissement et d'ivresse ; l'on rapporte que des individus ont été en proie au délire pour s'être imprudemment endormis sur un sol où il croissait en abondance. Ces vapeurs délétères ont aussi affecté Boerhaave, qui éprouva des tremblemens et une sorte d'ivresse pour avoir préparé un emplâtre dans lequel entrait cette plante ; et le professeur Brugmans fut pris de

vertiges lorsqu'il venait de l'étudier attentive-
ment. L'énergie de ses sucs délétères est encore
bien prouvée par l'histoire de ce jeune élève
de Boerhaave, qui avait bravé les poisons de
l'Aconit, des Apocins et de la Belladone, et qui
tomba dans le délire et fut frappé d'hémiplégie,
pour avoir essayé d'affronter impunément ceux
de la Jusquiame.

L'usage médical des Jusquiames se trouvait
répandu dans l'antiquité, et il paraît que Pline,
Galien et Dioscorides, mentionnèrent leurs
propriétés ; mais leurs descriptions, si l'on en
croit Schulze et Sprengel, ne se rapportent
point à l'*Hyosciamus niger*, L.

Cependant ces documens auront bien pu
guider Storck, ce nouveau Mithridate, qui, le
premier parmi les modernes, s'empara de cet
agent dangereux, eut l'audace de l'éprouver
sur lui-même, et ensuite en fit l'application au
traitement de diverses maladies qui avaient
jusqu'alors résisté aux autres secours thérapeutiques. Il vit ses essais couronnés de brillans
succès dans certaines affections nerveuses, dans
les convulsions, les palpitations du cœur, et
dans d'autres maladies plus terribles et plus
opiniâtres, telles que la manie, l'hystérie et
l'hypochondrie. Mais il faut le proclamer

hautement, et faire ce sacrifice à la vérité, plusieurs médecins, enhardis par ces belles expériences, n'obtinrent que des succès éphémères et moins brillans que ceux qu'ils espéraient. Cependant les docteurs Breiting, d'Augsbourg, et Meglin, de Colmar, ont publié les bienfaits de cette plante dans des cas de névralgie faciale. Une suite d'observations a démontré à Greding qu'elle pouvait procurer du soulagement dans la manie, l'hystérie et l'hypochondrie, mais jamais une guérison radicale, et que dans beaucoup de cas elle a déployé une action délétère nuisible. Cullen vient encore prêter à ces assertions l'appui de son autorité, lorsqu'il confesse avoir employé fréquemment l'extrait de Jusquiame sans lui trouver de grandes vertus. Stoll en faisait usage dans la colique de plomb; Forestus, dans l'hémoptysie; Boyle, dans les hémorrhagies; Franck et Gilibert, à l'imitation du célèbre Storck, dans l'hypochondrie, l'épilepsie, la manie et le squirrhe; Hufeland l'employait contre la coqueluche. La Jusquiame est certainement trop pompeusement vantée par Vogler contre le tétanos et les graves affections du système nerveux, terribles maladies et le plus souvent si rebelles à nos moyens, que le vœu le plus ardent de l'humanité serait pour la découverte de quelque agent capable de les combattre.

Si les propriétés de la Jusquiame à l'intérieur ne sont encore que vaguement fixées, ses bienfaits et son action sédative à l'extérieur ne peuvent être révoqués en doute. Ses feuilles, conseillées par les anciens auteurs, sont encore usitées de nos jours, en cataplasmes pour apaiser les irritations de la goutte et les élancemens pénibles du cancer, en injections pour calmer les douleurs violentes des affections organiques de l'utérus. Enfin le docteur Schmidt, de Vienne, a ingénieusement guéri une iritis par l'instillation dans l'œil de l'extrait de cette plante, associé à son usage interne.

Quand on examine scrupuleusement les vertus thérapeutiques de la Jusquiame, de laquelle M. Brande vient de retirer un alcali végétal qu'il nomme *Hyosciamin*, et son action physiologique et perturbatrice sur l'organisme, on observe d'abord qu'à très-faibles doses elle développe une légère irritation et provoque l'appétit, comme l'a éprouvé Storck sur lui-même ; puis, à doses plus fortes, on voit se manifester tout l'appareil des symptômes d'une irritation cérébrale : les facultés morales et intellectuelles s'obscurcissent ; en même temps il survient des secousses et des contractions dans tous les muscles de l'économie ; symptômes qui ne laissent plus de doute sur l'organe affecté , et présagent l'issue la plus funeste. C'est de cette faculté de modifier l'encéphale que la médecine a tiré parti dans différentes affections du système cérébral et de ses dépendances , où l'usage de cette plante a obtenu quelques succès. Mais on ignore son action intime , et ce n'est qu'empiriquement qu'on peut la conseiller dans les convulsions , les palpitations , la manie , les névralgies et l'épilepsie , où nous avons déjà vu qu'elle a obtenu des succès.

Presque toutes les autres plantes de ce genre sont douées des mêmes propriétés délétères, et la Jusquiame blanche, *H. albus*, **L.**, doit être citée en tête pour son énergie ; le docteur Gilibert en éprouva sur lui-même les funestes effets , et **M.** Fodéré a rapporté l'histoire de l'empoisonnement de l'équipage d'un navire français , relâché en 1792 dans les plages de la Morée, et dont les matelots firent la soupe avec de la Jusquiame blanche qu'ils avaient cueillie pour une plante alimentaire. **Nous** devons à Sauvages le récit des visions d'une malheureuse femme qui avala un bouillon préparé avec cette

plante, et fut saisie de vertiges, au milieu desquels il lui semblait que sa tête était détachée
de ses épaules, tandis que son corps suspendu
errait vaguement dans les espaces aériens. Cet
auteur a vu aussi l'emploi de cette plante
occasionner des espèces de visions étincelantes ,
pendant lesquelles des points brillans et lumi-
neux se succédaient et se précipitaient en pluie
d'or devant les yeux ; phénomène auquel ce
nosologiste appliqua le nom bizarre , mais
élégant , de *Berlue Danaë*.

La Jusquiame blanche, abondante en Grèce
et dans l'Europe méridionale , fut employée par
Hippocrate ; et les praticiens de Montpellier
ont imité le père de la médecine par l'usage
fréquent qu'ils en font aujourd'hui. M. Fages
l'administre souvent dans la syphilis et les
affections squirrheuses ; M. le professeur
Baumes dit en avoir obtenu d'heureux résultats
dans les cancers, en l'alliant à la ciguë ; Fouquet
en faisait aussi l'éloge dans les affections cancéreuses.

Une autre plante de ce genre, qui porte des
fleurs d'un beau jaune , la Jusquiame dorée ,
H. aureus, L., n'a pas des sucs moins vénéneux que la précédente, à ce que dit Voile-
mont. Il paraît cependant que certains peuples

de l'Asie font une boisson enivrante avec ses graines torréfiées.

La Jusquiame physaloïde, *H. physaloides*, L., jouit, au rapport de Schulze, de l'étonnante vertu de frapper l'esprit de terreur par des images effrayantes, au milieu d'un délire qui donne une apparence énorme aux plus faibles objets. Le *H. scopolia*, L., produit promptement un assoupissement profond.

Les Égyptiens font un fréquent usage de la Jusquiame datora, *H. datora*, FORSK., pour endormir ou calmer leurs enfans; et l'on croit que c'était des semences de cette espèce dont se servait le sultan Sélim II, pour dissiper ses inquiétudes et supporter le sentiment de ses chagrins loin du trône (Paul Jove). M. Virey pense aussi qu'elles entraient pour beaucoup dans les bols qu'on offrit en Perse au voyageur Kœmpfer, à la fin d'un magnifique repas, et qui lui firent éprouver des joies inexprimables en le berçant au milieu de visions vagues et enchantées.

Des Stramoines.

Les Stramoines ou *Datura* nous offrent une suite de jolies plantes originaires de l'Amérique, et parées de grandes et belles fleurs qui sont recherchées dans nos jardins. Plusieurs espèces ont même trouvé notre sol favorable , et s'y sont multipliées. L'une des plus essentielles à connaître est le *D. stramonium* , L. , ou Pomme épineuse , Herbe aux sorciers , qui infeste quelques campagnes de la France , où souvent son voisinage a causé de funestes accidens. Cette plante exhale une odeur fétide ; de ses tiges dichotomes, chargées de larges feuilles d'un vert sombre, jaillissent d'abord de grandes fleurs blanches ou violacées, en entonnoir , suivies bientôt de capsules hérissées de pointes raides et acérées, qui semblent en défendre l'approche comme d'un être dangereux et malfaisant.

Toutes les parties de ce végétal sont vénéneuses ; mais ses sucs délétères semblent s'être concentrés plus abondamment dans les fruits et les racines, que cette fatale circonstance rend plus terribles et plus promptement funestes , et qui ont , par cette raison , fixé l'attention des médecins et des toxicologistes : leurs ouvrages sont féconds en accidens produits par cette plante , comme l'attestent les écrits de Haller, Krause , Storck, Sprœgel , Vical , Ray, Sauvages , Pinel , et de MM. Alibert , Orfila , etc.

Swaine rapporte qu'une décoction de trois capsules de Stramonium dans du lait détermina un délire furieux, avec la paralysie générale du corps. Vicat cite deux exemples parfaitement analogues ; et l'on vit, à ce que dit Garidel, le bourreau d'Aix et sa femme danser pendant une nuit, tout nus, dans un cimetière qu'ils profanaient de leurs extravagances, après que des filoux les eurent plongés dans le délire au moyen du Stramonium.

La Pomme épineuse doit être rangée, comme la Jusquiame et la Belladone, parmi les agens excitans dont l'action se manifeste principalement sur l'encéphale, ce qu'on reconnaît à l'éclat et à la rougeur des yeux, à la perte de l'ouïe et de l'odorat, et surtout au délire furieux qui caractérise ordinairement l'emploi du Stramonium, et qui laisse trop souvent après lui de tristes désordres, tels que l'affaiblissement de la mémoire, sa perte absolue, et, dans certains cas, l'aliénation mentale ou des tremblemens : lésions diverses qui attestent long-temps l'atteinte profonde du cerveau, ou même ne s'effacent jamais. C'était de cette propriété d'égarer la raison, ou d'obscurcir quelque temps la mémoire, que se servaient des courtisanes perfides de l'Inde et de l'Égypte, qui

mêlaient le Stramonium à de délicieux breuvages, et qui profitaient de l'ivresse léthar-
gique dans laquelle elles plongeaient leurs
amans crédules, pour leur dérober leurs ri-
chesses. Sauvages nous a raconté que chez
nous des voleurs dévalisaient les voyageurs
après avoir glissé des semences de cette plante
dans leur vin : ce poison les enivrait et les
jetait dans un sommeil profond, que suivait
un délire pendant lequel ils erraient plusieurs
jours sans proférer une parole.

La mort laisse découvrir de profondes traces.
imprimées par ce végétal narcotico-âcre, sur
toute la muqueuse du tube intestinal, que l'on
trouve rouge et violemment enflammée ; les
poumons sont denses, remplis de sang noir,
et les lésions du cerveau dévoilent aussi les
atteintes de l'irritation qu'il vient d'éprouver,
comme Haller l'a observé chez une femme où il
trouva cet organe abondamment gorgé de sang.

C'est encore à l'audace que Storck a déployée
dans l'administration des poisons, que nous
devons les premiers essais sur le Stramonium,
dont les propriétés irritantes et narcotiques ont
été attestées aussi par Vandermonde, Sauvages,
Haller, Pinel et M. Alibert, qui ont démontré
que son action était à peu près analogue à

4 *

celle de la Belladone et de la Jusquiame ; et l'on voit que ces médecins ont essayé et préconisé la première dans les mêmes maladies où les autres étaient conseillées. Les travaux de M. Brandes ont aussi découvert dans la Pomme épineuse l'existence d'un nouvel alcali, qu'il nomme *Daturin*.

L'administration du Stramonium, par Storck, dans l'épilepsie, la manie et les convulsions, fut bientôt imitée par Bergius, Durande, Greding, Razoux et Hufeland. Certains expérimentateurs n'ont obtenu de ce médicament que des succès douteux, tandis que d'autres le vantent comme un des plus merveilleux secours de l'art.

Wedenberg rapporte avoir triomphé de convulsions violentes par l'extrait de Stramonium ; la même préparation a été souvent employée par Greding, dans différentes affections de l'encéphale, et a réussi très-diversement : tantôt les malades ont été soulagés, tandis que d'autres fois les phénomènes morbides ont augmenté d'intensité. Bergius assure avoir guéri la manie et le délire des femmes en couches, en continuant l'usage de cette plante avec persévérance ; par elle, M. Roques a vaincu un délire intermittent, et M. Orfila une céphalalgie rebelle ; mais il n'en obtint de succès que lorsque la malade tomba dans le narcotisme. Enfin , le docteur Scudamore vante cette plante comme l'hypnotique le plus efficace dans les affections goutteuses.

L'usage de cataplasmes de Stramonium a aussi obtenu des succès dans des carcinomes , des inflammations du sein , ou des brûlures ; et l'on a vanté ces topiques comme anodins et résolutifs. Les voies aériennes ont aussi été soumises à la médication du Stramonium , et on a poussé l'audace jusqu'à introduire la fumée de cette plante dans les bronches , à l'aide de l'inspiration , pour remédier aux désordres spasmodiques dont les organes respiratoires sont quelquefois le siége. Cependant ce mode d'administration , qui peut obtenir des succès dans ces maladies , et auquel MM. Krimer , Hegewisch et Hufeland ont prodigué des éloges , devrait être sévèrement banni , comme pernicieux , si les poumons étaient le plus légèrement phlogosés, à cause des ravages que produirait bientôt son action irritante.

En résumant l'histoire médicale de la Pomme épineuse, on peut prévoir par quel mécanisme s'opèrent ses résultats curatifs , et l'observation attentive de ses effets achève d'en démontrer les causes avec évidence. Ainsi l'on voit que , dans certaines maladies de la tête qui ont cédé à cette plante , ce sont les secousses qu'elle a produites qui ont dissipé , par leur vive perturbation , le travail morbide de l'encéphale , et rétabli l'équilibre perverti de ses actions. D'autres fois , c'est pour avoir été modifié moins violemment, que le cerveau a éprouvé un simple appel de fluides , qui bientôt ont produit ces assoupissemens au milieu desquels le malade retrouve le repos en oubliant ses douleurs. Enfin , quand on a vu l'usage de cette substance couronné de succès dans certaines inflammations , n'était-ce pas alors de ces phlegmasies qui ne demandent , pour se guérir et se résoudre , qu'à être ranimées par quelque stimulus.

La médecine n'a pas seule tiré quelques avantages du Stramonium , et cette plante dangereuse s'est vue associée aux plaisirs de l'homme. Avides de jouissances , les Orientaux ont transformé ce poison en une liqueur enivrante qui les plonge dans un délire délicieux.

La prudence ordonne de suspecter toutes les autres plantes du genre *Datura* , car on conserve des exemples d'accidens provoqués par les qualités léthifères de la plupart d'entre elles. Des faits ont appris que la beauté du

D. fastuosa, R., qui inspire la confiance, n'était pas un garant contre ses propriétés vénéneuses : les *D. metel*, L., *D. tatula*, L., ne sont pas moins dangereux. Le *D. ferox*, L., mêlé à de la bierre, a déterminé un long délire, au rapport de M. Orfila ; et M. Lemonnier raconte que les vapeurs qui s'exhalaient d'un *D. arborea*, WILL,, qui ornait un balcon, provoquèrent des céphalalgies chez plusieurs personnes qui habitaient les appartemens voisins. Quelques-uns de ces végétaux offrent des fleurs que leur brillant aspect et quelquefois la suavité de leurs parfums ont fait rechercher pour l'embellissement de nos habitations. Une des plus jolies espèces de nos parterres, le *D. cerato-caula*, ORTEG., se fait remarquer par ses tiges glauques et ses feuilles blanchies par un léger duvet, qui s'écartent pour laisser se dérouler une magnifique et immense corolle d'un blanc violacé, animée de reflets nacrés d'un coloris aussi doux que mélancolique, et dont le charme est encore relevé par un parfum délicieux.

Des Belladones.

Le nom mythologique d'*Atropa*, spirituellement imposé par Linné au genre Belladone, ne laisse aucun doute sur les propriétés malfaisantes des végétaux qu'il renferme ; car malheur à celui que l'attrait de leurs fruits séduirait , il pourrait payer de sa vie sa fatale erreur. Les plus dangereuses de ces plantes sont la Belladone et la Mandragore.

La Belladone , *A. belladona* , L., est une des plantes les plus vénéneuses de la famille des Solanées. C'est particulièrement dans les lieux déserts, au milieu des décombres abandonnés , qu'on rencontre ses hautes tiges herbacées, portant des fleurs pendantes et solitaires d'un rouge sombre et ferrugineux , auxquelles succèdent bientôt des baies noires et luisantes, que ces solitudes ne dérobent pas assez à l'homme ; car ces fruits ayant une ressemblance malheureuse et trop funeste avec certaines cerises , leur jus vermeil et leur goût douçâtre et sucré ont souvent engagé le pâtre altéré , ou l'enfant trop avide , à se saisir , comme d'un mets succulent, de ces baies gonflées de poisons terribles.

Chaque page des traités d'histoire naturelle ou de médecine nous offre de ces malheureux exemples , dont on peut surtout contempler les tristes détails dans les écrits de Boerhaave, Van-Swiéten , F. Hoffmann, Sauvages, Wepffer, Vicat , Bulliard, Murray , Pinel , Alibert , etc.

F. Gmelin rapporte qu'un berger, accablé de soif et de chaleur au milieu d'un jour brûlant d'été, voulut se désaltérer avec des baies de Belladone, dont la douceur l'avait séduit ; il éprouva d'abord des convulsions, et passa bientôt du délire à la mort. Sur quatre bûcherons de la forêt de la Pérouse qui mangèrent de ces fruits perfides et tombèrent en démence, deux moururent. Deux vieilles femmes eurent le même sort, après être devenues prodigieusement enflées. (Eph. méd. phys. Germ.)

M. Gaultier de Claubry nous a retracé la déplorable histoire d'un détachement d'infanterie française qui campait près de Pirna, en Allemagne. Les soldats, altérés, dépouillèrent de leurs fruits plusieurs pieds de Belladone pour étancher leur soif ; les funestes symptômes de l'empoisonnement se déclarèrent peu d'instants après : quelques-uns tombèrent morts au pied de la terrible plante, d'autres expirèrent à quelques pas. Ceux qui restaient, troublés par le délire, se dispersèrent dans les bois, ou, attirés par les feux des avant-postes, ils venaient joyeusement se précipiter dans les flammes. Les autres ne furent retrouvés que le lendemain : tous étaient dans un désordre extrême : la rencontre des arbres, le froissement des broussailles et des rochers, parmi lesquels ils s'étaient traînés, leur avaient imprimé des traces sanglantes qui défiguraient horriblement leur visage. La majeure partie éprouva un délire gai et folâtre, pendant lequel leurs genoux fléchissaient comme dans l'ivresse. Chez tous la vision était confuse ou presque entièrement éteinte, les pupilles dilatées et immobiles, et les conjonctives bleuâtres. Ils éprouvèrent des nausées, des vomissemens, de la débilité dans le pouls, et des syncopes. Au reste, tous les souvenirs de cet état extraordinaire s'évanouirent à leur rétablissement.

Selon Gilibert, on a vu des personnes manger des baies de Belladone sans en éprouver d'accidens. Et l'on connaît l'histoire d'un idiot qui avala une trentaine de ces fruits, et n'en fut que très-légèrement incommodé ; mais un fait semblable n'établit pas l'innocuité de cette plante, contre laquelle tant d'exemples déposent.

Non moins funestes que les fruits, la racine et les tiges de la Belladone, dont la saveur est un peu âcre, produisent des accidens terribles, comme le rapportent les ouvrages de Matthiole, Ray, Wepffer, Junker et Gmelin. Par une politique affreuse, des nations se sont servi à la guerre de cette plante pour empoisonner les boissons de leurs ennemis. L'historien Buchanan rapporte que les Ecossais, par cette horrible trahison qui déshonora leur victoire, taillèrent en pièces une armée danoise qu'ils avaient plongée dans le délire et le sommeil.

Dans l'empoisonnement produit par la Belladone, l'encéphale et les poumons sont spécialement affectés ; le cerveau est injecté et engorgé d'un sang veineux noir ; selon M. Flourens, cette effusion sanguine n'a d'abord lieu que sur les tubercules quadrijumeaux, puis se répand ensuite aux lobes cérébraux, et de là naissent, selon lui, les différentes lésions de la vue ; les poumons sont engorgés, durs, livides ou rouges, quelquefois maculés de plaques noires. La peau se couvre par fois de taches gangréneuses. Dans ses expériences, M. Orfila a vu que l'action locale était ordinairement peu intense, et se bornait à une simple rougeur de l'estomac ou des parties qui subissaient le contact. M. Roques prétend, au contraire, que les traces cadavériques ont quelquefois été des gangrènes du canal digestif, ou des érosions de différens points de l'organe gastrique, accompagnées de plaques bleuâtres sur l'abdomen, et d'une intumescence énorme du corps, dont la putréfaction s'emparait promptement. Mappi rapporte que le vin de Belladone occasionna une gangrène universelle. Mais est-il bien certain que toutes ces lésions se soient développées sous la seule influence de cette plante, qui paraît simplement narcotique ?

La Belladone, dont toutes les parties ont une saveur douçâtre, laissant à peine un peu d'amertume, présente une énergie cachée bien supérieure à ses faibles qualités physiques. M. Vauquelin en a fait l'analyse, et M. Brandes y a découvert l'existence d'un nouvel alcali qu'il nomme *Atropin*.

Quand on considère la Belladone sous le rapport de ses propriétés médicales, on est étonné des nombreux écrits qu'elle a fait éclore, soit pour la propager comme une des plantes les plus héroïques en médecine, soit pour la prohiber comme un des poisons les plus dangereux. Sans nous établir juge de ces contestations, nous allons rapporter ce qu'elles ont de plus intéressant.

L'expérience clinique a éprouvé toutes les parties de cette plante dans un nombre immense d'affections morbides, depuis les temps les plus reculés jusqu'à nos jours. Le résultat de ces essais semble prouver que son action physiologique est analogue à la Jusquiame.

Conrad Gesner se servait dans la dysenterie d'un sirop de baies de Belladone, et prétend en avoir retiré de grands succès. Mais c'est surtout contre la famille des névroses que cette plante agit avec le plus d'efficacité ; par son action sur le cerveau et les nerfs de la vie animale et organique, elle offre à l'art de guérir les plus importantes ressources contre les mouvemens pathologiques du système sensitif.

Depuis long-temps H. Muench a pompeusement vanté la Belladone dans différentes affections, et publié ses succès dans la manie, la mélancolie, l'épilepsie, l'hypochondrie, où ce narcotique a paru obtenir de bons effets en anéantissant l'éréthisme et les spasmes du système nerveux exalté. Greding, Stoll, l'ont préconisée dans l'épilepsie, où elle a semblé diminuer la violence des accès, les éloigner ou les métamorphoser en simples tremblemens. Et Turquet de Mayerne, F. Muench et Bucholtz, ont proclamé la racine de ce végétal comme le spécifique de la plus épouvantable maladie, de l'hydrophobie. Mais il faut avouer que malheureusement rien ne confirme cette vertu, et que les essais tentés depuis n'ont pas prouvé cette bienfaisante propriété ; des observations plus rigoureuses dans l'épilepsie et la manie, déposeraient peut-être aussi défavorablement contre ses éloges dans ces maladies.

La Belladone a partagé le sort de toutes les plantes énergiquement vénéneuses ; on s'est efforcé de l'opposer, comme ces deux dernières, aux maladies les plus redoutables, quoiqu'elle soit trop souvent impuissante pour les combattre. Cependant Alberti, Junker, Zimmermann et Cullen, ont vu des squirrhes, des cancers même, se dissiper par son emploi ; tandis que, d'un autre côté, ces séduisantes assertions ont été réfutées par les plus célèbres antagonistes, Heister, Haller, Dehaen et Schmucker, qui ont même avancé qu'elle y était quelquefois nuisible. Cependant on ne peut nier que si elle n'a pas toujours entraîné la dissolution des tumeurs squirrheuses, si elle n'a pas arrêté les terribles désorganisations du cancer, elle a souvent été utile pour apaiser leurs douleurs et procurer le sommeil.

Cette plante a été conseillée dans les désordres pathologiques de l'appareil locomoteur, et ses secours ont paru salutaires à Bergius, dans les convulsions et la danse de Saint-With. Mais il est impossible d'assigner les modifications curatives qu'elle détermine dans le système nerveux, puisque souvent on la voit triompher des maladies les plus opposées ; et c'est ainsi que l'on a publié ses succès dans l'hémiplégie.

En consultant les fastes de l'art, on découvre qu'il n'est presque pas de maladies que l'on n'ait essayé de combattre par ce médicament : on lui prodigua des louanges dans les différentes hydropisies, les affections goutteuses ou rhumatismales, les fièvres intermittentes rebelles, la syphilis et l'ictère ; Hufeland le vanta dans les engorgemens scrophuleux.

La chirurgie moderne a employé avec succès la Belladone dans les affections des yeux ; MM. Dupuytren et Guignon, de Livourne, l'ont vue enlever des phlogoses des membranes de l'œil. M. Demours a dissipé, par son moyen, un rétrécissement de la pupille avec perte presque absolue de la vision. Ce même emploi externe est souvent usité pour dilater la pupille avant l'opération de la cataracte, comme l'ont conseillé Alb. Reymarus, H. Grasmeyer, C. Himly, et d'autres, d'après les remarques de Rey. Il peut encore être utile après l'opération, quand l'iris, enflammé et rétréci, va contracter des adhérences avec les flocons de la cataracte qui obstruent la pupille.

La Belladone a souvent été efficace dans certaines névroses cérébrales et respiratoires ; tous les médecins s'accordent à lui attribuer des succès dans la coqueluche, où MM. Schœffer, Wetzler et Hufeland, en Allemagne, ont préconisé ses vertus.

Enfin, les convulsions qui surviennent pendant le travail de l'enfantement ont cessé sous les yeux de mesdames Lachapelle et Legrand, au moyen des frictions exécutées sur le col de l'utérus trop rigide, avec la pommade de Belladone de M. le professeur Chaussier.

La Mandragore, *Atropa mandragora*, L., fixera plutôt ici notre attention sous le rapport historique qu'à cause de son utilité médicale. C'est une plante herbacée, dont le naturel sauvage se refuse à la culture; ses touffes de larges feuilles sont étalées à terre où elles entourent quelques fleurs violacées ; les rochers solitaires et l'ombre des cavernes du beau climat de la Grèce et de l'Italie sont les lieux préférés par la Mandragore.

L'antiquité entoura la Mandragore de ses erreurs fabuleuses, et le nom d'*Anthropomorphos*, que Pythagore lui avait donné, contribua sans doute à faire croire aux ridicules et magiques vertus dont on la décorait. Sa possession passait pour une merveilleuse puissance capable d'attirer toutes les bénédictions ; on croyait que son influence accordait les faveurs de la maternité aux vœux des épouses stériles ; qu'elle épouvantait les sorciers et conjurait leurs maléfices, ou qu'elle jouissait de l'aimable puissance de faire naître l'amour, comme ces philtres enchantés de la magicienne Circé, dont Pline et Dioscorides lui avaient donné le nom (*Circœa*). Et cette opinion a même traversé les siècles pour s'établir chez les modernes, où elle était encore en faveur du tems de Machiavel, comme nous le voyons par sa comédie intitulée *La Mandragora.*

Par une de ces erreurs qui se propagent si long - tems quand l'observation néglige de s'appesantir sur les objets, on crut, et le nom d'*Antropomorphos* semblait justifier cette opinion, que les racines de la Mandragore offraient l'aspect et la forme humaine, et d'anciens livres les représentent encore sous ces traits, et distinguées même par les caractères sexuels (1). Dans les siècles d'ignorance et de crédulité, le

(1) Comme on en voit la preuve dans l'ouvrage gothique intitulé *Le grand Herbier en français.* Les racines y sont représentées sous la figure d'un homme et d'une femme, dont la tête est surmontée de feuilles et de fleurs assez exactement dessinées.

charlatanisme et la fourberie se servirent des racines de la Mandragore dans les conjurations, les sortiléges, les guérisons prétendues miraculeuses, après les avoir toutefois transformées en grossières figures d'homme: forme sous laquelle le vulgaire croyait qu'elles se trouvaient au pied des gibets, renaissant ainsi des débris des suppliciés, et d'où on ne pouvait les cueillir sans s'exposer mortellement.

Les anciens nous ont même transmis les pratiques superstitieuses qu'il était nécessaire d'exécuter, pour se soustraire à tout danger, lorsqu'on voulait extirper de la terre la racine de cette plante merveilleuse. Ne se contentant pas d'accorder des vertus extraordinaires à la Mandragore, ils prétendaient qu'elle était douée de sensibilité, et que, jouissant de la faculté de l'exprimer, elle poussait des gémissemens quand on l'arrachait du sol natal : de là on prescrivait à ceux qui avaient l'audace de la cueillir, de se boucher les oreilles, afin qu'ils ne fussent point attendris par ses cris lamentables.

Théophrastes (l. IX, c. IX) dit que pour arracher la Mandragore, il faut tracer trois cercles autour d'elle avec la pointe d'une épée, puis l'enlever en regardant l'orient, tandis qu'un des assistans danse aux environs , en prononçant des paroles obscènes. Pline décrit aussi les cérémonies que l'on doit mettre en usage pour se procurer cette herbe. Et même , pour se soustraire ingénieusement aux prétendus dangers de cette opération , quelques hommes crédules conseillèrent de la faire à l'aide d'un chien qu'on liait à la plante , et sur lequel on prétendait qu'elle exerçait tout son maléfice; cet animal était considéré alors comme voué à une mort certaine.

La puissance délétère de la Mandragore est aussi énergique que celle de la Belladone; le professeur Fodéré éprouva des vertiges avec faiblesses , pour s'être livré à l'étude d'une de ces plantes. Le docteur Spon , de Lyon , au rapport de Gilibert , éprouva les mêmes accidens accompagnés de délire , pour avoir mangé de la racine de Mandragore. Mais les gros fruits jaunes et sphériques de cette plante ne jouissent probablement pas de la même puissance vénéneuse que ceux de la Belladone , et l'on sait que le professeur Hernandez en mangea un entier pour prouver leur innocuité.

Malgré cela , les auteurs judicieux n'admettent point que les fruits de cette plante soient les mêmes qui, sous le nom de Mandragore, sont considérés dans l'Écriture sacrée comme un aliment agréable. Selon Linné, ces prétendues Mandragores (*Dudaïm*) que Rachel achète à sa sœur à un prix si extraordinaire (Genèse, ch. XXX), sont les fruits d'un Concombre, *Cucumis Dudaïm*, L., qui abonde dans l'Orient. Au contraire, M. Virey s'étayant sur l'étymologie du mot *Dudaïm*, pense que cet aliment, recherché des Hébreux, n'était que des tubercules d'Orchis. Mais ce qu'il y a de certain, au milieu de ces opinions, c'est que la Mandragore de Rachel, qui exhalait un parfum séduisant, n'était point notre plante Solanée, dont toutes les parties paraissent douées d'une odeur repoussante.

Les médecins de l'antiquité utilisèrent les propriétés narcotiques et stupéfiantes de la Mandragore. Elle fut employée par Hippocrate, dans les convulsions et les douleurs arthritiques, puis par Dioscorides et Galien, pour exciter le sommeil. Rhasès et Avicennes se servaient de sa racine pour assoupir les malades prêts à subir de graves opérations, et diminuer les douleurs qui en sont inséparables. Sa puissance narcotique servit aussi à la guerre pour plonger des armées dans le sommeil.

L'histoire rapporte qu'Annibal , envoyé par les Carthaginois contre des Africains révoltés , feignit de se retirer après un léger combat, en abandonnant sur le champ de bataille quelques vases remplis de vin , dans lesquels il avait fait macérer des racines de Mandragore. Ces barbares burent sans défiance cette liqueur perfide, fruit de leur conquête ; mais bientôt ils tombèrent dans la stupeur la plus profonde , et ce grand capitaine revenant alors sur ses pas, dut à cet artifice une victoire facile , qui soumit tous les rebelles à sa domination.

Les thérapeutistes de nos jours sont d'accord sur les propriétés sédatives de cette plante. La racine, qui paraît recéler des sucs plus énergiques que les autres parties , est un émétique violent comme l'Ellébore , et qui provoque le sommeil. Boerhaave a fait disparaître des tumeurs scrophuleuses avec des cataplasmes de feuilles de Mandragore. Hoffmann et Swédiaur préféraient la racine, avec laquelle ils prétendent avoir guéri les mêmes affections et des engorgemens syphilitiques. Des observations de Gilibert tendraient à démontrer l'efficacité de ce médicament dans la goutte. Cette plante est presque abandonnée de nos jours, la pharmacologie pouvant retrouver les propriétés de la Mandragore dans nos végétaux indigènes.

Des Coquerets.

Nous avons peu à nous arrêter sur le genre Coqueret ou *Physalis*, qui n'offre guère de ressources à la médecine : quoique l'Alke-kenge, **P.** *Alkekengi*, L., ait été employée dans l'antiquité, ses faibles vertus l'ont fait presque totalement abandonner de nos jours. C'est une petite plante herbacée qui végète dans les lieux ombragés de la France et de l'Italie; ses ramifications supportent des fleurs délicates d'un blanc verdâtre, remplacées après leur chute par des globules formés par leurs calices renflés, vésiculeux et colorés en orangé, qui enveloppent des baies d'un rouge vermeil.

Ce fruit, dont la saveur acidule et aigrelette propagea sans doute l'usage en Espagne, en Suisse, et dans quelques contrées de l'Alle-magne, où on le sert sur les tables à la fin des repas, dut anciennement à sa beauté et à ses vives couleurs la faveur d'orner la coiffure des dames d'Athènes, comme le rapporte Galien. La médecine n'employa que rarement les feuilles de l'Alkekenge, qui furent cependant conseillées par James, en topique sur les érysipèles dangereux où probablement elles sont inefficaces. Ce sont les baies dont l'action sur l'organisme mérite le plus de confiance. Essayées par Dioscorides, dans l'ictère et l'ischurie, vantées ensuite dans cette dernière maladie par Arnaud de Villeneuve et Matthiole, les médecins de nos jours s'accordent à leur reconnaître de faibles propriétés rafraîchissantes, diurétiques et légèrement laxatives. Gilibert vit leur usage couronné de succès dans plusieurs hydropisies. Les qualités que nous reconnaissons à ce fruit ont bien pu, en effet, le rendre utile dans les jaunisses, si ces maladies dépendaient de quelque irritation du système hépatique ou du tube intestinal. Ray prétend avoir prévenu les accès d'une goutte opiniâtre en astreignant son malade à l'usage des fruits d'Alkekenge ; mais ne doit-on pas s'étonner de voir Lister conseiller, comme lithontriptique, les trochisques de cette plante, inventés par la monstrueuse polypharmacie de Mésué.

Le Coqueret comestible, **P. edulis**, Cyr., du Pérou, fournit des fruits abondans dont l'usage est sans danger; cependant on rapporte qu'ils ont causé quelquefois un peu d'assoupissement. Le **P. somnifera**, Will., de l'Europe

méridionale, recèle dans ses feuilles les propriétés stupéfiantes que son nom semble annoncer ; mais elles y sont si faiblement marquées,
que son atmosphère ne jouirait pas plus de la
puissance d'assoupir les reptiles venimeux qui le
respirent que notre Alkekenge, auquel la crédulité de Pline accordait cette étonnante vertu.

Des Morelles.

La nature nous a récompensés, dans les
Morelles ou *Solanum*, dont le nom inspire la
confiance au malheur (*solari*, consoler), des
venins dont elle a rempli certaines Solanées.
La plupart des plantes de ce genre ne renferment pas des sucs vénéneux, au contraire,
plusieurs servent à l'alimentation. Parmi elles
on trouve la Morelle tubéreuse, *S. tuberosum*,
L., dont les fertiles tubercules, connus sous le
nom de *Pommes de terre*, sont l'une des plus
précieuses conquêtes de l'homme sur la nature;
c'est une plante herbacée, à feuilles pinnatifides,
qui porte des fleurs blanches, lavées de violet;
ses racines sont composées de grosses masses
charnues, sources toujours fécondes d'abondance et de richesse.

La Pomme de terre, déjà fort anciennement connue au Pérou , nous en fut apportée au seizième siècle par les Espagnols. La culture de cette humble plante se répandit bientôt dans toutes les régions de l'ancien continent ; et maintenant l'habitant de la froide Sibérie , celui des sables brûlans du Tropique , la voient également fertiliser leur sol en leur prodiguant un aliment aussi sain qu'abondant.

La méfiance environna quelque tems l'usage de cette précieuse Solanée , on craignait qu'elle ne recélât quelques principes dangereux comme plusieurs de ses congénères ; mais enfin la vérité s'est montrée , et ce bienfaisant végétal s'est universellement propagé , grâce au zèle ardent du savant et philantrope Parmentier , qui le fit connaître , après les premières notions que nous en avait laissées le botaniste Lécluse. La grande quantité de fécule que renferme la Pomme de terre en fait un aliment très-nourrissant , dont toutes les classes de la société font actuellement usage. On transforme ce tubercule en une foule de mets propres à flatter le goût ; et , associé à différens ingrédiens alimentaires , il couvre toutes les tables , depuis celle du pauvre , dont il fait la plus précieuse nourriture , jusqu'aux somptueux banquets de l'opulence.

Ce fut **M. Parmentier** qui indiqua la manière de fabriquer le pain de Pomme de terre, qui nous a déjà sauvés des horreurs de la famine. Cette racine, desséchée au four, peut encore servir d'approvisionnement dans les grands voyages de mer ; elle fournit un amidon abondant doué de toutes les qualités de celui de froment. En Allemagne on fabrique même une espèce de beurre de Pomme de terre ; et maintenant on en extrait de l'alcohol avec beaucoup d'avantage.

On avait voulu trouver des propriétés médicamenteuses dans la Pomme de terre, en avançant qu'elle exemptait de maladie les plus malheureuses classes de la société, adonnées presque exclusivement à son usage ; mais on se doute aisément que ce n'est qu'en leur fournissant un aliment aussi salubre que richement nutritif qu'elle peut avoir ces heureux résultats. Les feuilles et les sommités de la Morelle tubéreuse avaient été regardées pendant un temps comme légèrement calmantes, et recommandées en topiques à l'extérieur. Mais ces faibles vertus sont aujourd'hui tombées dans l'oubli aussi bien que l'efficacité lithontriptique accordée jadis bénévolement à cette plante.

L'opinion vulgaire, long-temps accréditée, que la Pomme de terre renfermait quelques

principes vénéneux, est maintenant justement
oubliée ; et l'observation rapportée par **M. Lemonnier** semble ne rien changer à cette dernière pensée. Il s'agit d'une famille entière qui
éprouva des accidens pour avoir mangé des
Pommes de terre cuites dans de l'eau qui avait
servi plusieurs fois à cet usage , et qui se trouvait enfin saturée de leurs principes actifs. Ce
fait paraît démenti par des expériences de
M. Dunal , mais en supposant sa véracité , la
très-faible quantité d'extractif que ces plantes
contiennent ne pourrait que stimuler les organes
de la digestion , et en faciliter les fonctions.

Une autre espèce , le *S. montanum* , **L.** ,
fournit une racine très-analogue à notre Pomme
de terre , que les indiens mangent même
fréquemment dans leurs repas, et qui sert aussi
à engraisser les bestiaux au Pérou , selon
Ruiz et Pavon.

La plante de ce genre la plus employée en
médecine est la Douce-Amère, *S. dulcamara*,
L., Vigne-Vierge , ou encore Vigne de Judée.
Cette Solanée est profusément répandue en
France , dans les haies qui bordent nos prai-
ries aqueuses ; elle enlace ses tiges flexibles et
légères à leurs buissons , et décorant , par ses
bouquets délicats de fleurs violettes , ou de ses

grappes rouges de corail, les plantes qui soutiennent ses débiles rameaux, elle récompense
ainsi son appui par l'éclat charmant dont elle
sait l'orner et l'embellir.

La saveur douçâtre et sucrée de la Douce-
Amère, qui se change bientôt en une légère
amertume, est la cause du nom qu'elle porte.
Cette plante recèle dans toutes ses parties un
alcali découvert par M. Desfosses, qui le nomme
Solanine, et lui prête des propriétés analogues
à celles de l'opium.

Les fruits renferment une pulpe d'un goût
fade et nauséabond. Floyer les avait réputés
vénéneux, d'après une seule expérience qui
a été anéantie par celles de M. Dunal, dans
lesquelles il a beaucoup augmenté la quantité
de baies administrées, sans observer de symptômes délétères ; et d'ailleurs l'innocuité de ces
fruits semble assez prouvée par l'usage que
l'art en faisait du temps de Matthiole, où ils
étaient administrés dans les maladies cutanées.

L'emploi médical de notre plante, aujour-
d'hui restreint à de sages limites, fut singulièrement répandu pendant un temps où de séduisantes apologies l'avaient proclamée comme une
véritable panacée universelle. Linné, Carrère,
Razoux, Sauvages, Barthez, Werlhof,

Baumes et Fouquet , contribuèrent beaucoup à en répandre l'usage ; tandis que d'autres médecins tendaient à la faire tomber en discrédit., en blâmant ces préventions aveugles pour certains médicamens que l'enthousiasme ou l'empirisme proclament , et dont les succès ne se réalisant pas dans la pratique , font regretter souvent d'avoir dédaigné la voie plus sûre de l'expérience et de la raison.

Dès le quinzième siècle , cette plante était employée en topiques dans les érysipèles , les engorgemens des mamelles , et les cancers ulcérés ; cet usage se retrouve encore dans nos campagnes méridionales , où les paysans lui prêtent de grandes vertus.

Linné , qui contribua tant à faire employer la Douce-Amère , dit l'avoir trouvée efficace dans les rhumatismes , le scorbut , la syphilis et la gale , où les Uplandes s'en servent fréquemment. Boerhaave , à ce que rapportent Haller et Linné , l'employa avec succès dans la pleurésie et la pneumonie ; Werlhof et Sagar ont même vanté son efficacité contre la phthisie pulmonaire ; Sauvages guérit , par son emploi , des syphilis ; et Murray , des douleurs ostéocopes et des ictères ; Razoux en fit l'éloge dans les hydropisies , les scrophules et les chancres.

Si les succès que l'on a attribués à cette plante ont souvent été trop exagérés, il faut cependant reconnaître qu'elle détermine dans l'organisme certains mouvemens souvent salutaires. Ce sont les tiges qu'on emploie ; elles semblent retenir quelques principes faiblement vireux, qui, par leur influence sur l'économie, déterminent une véritable irritation des différens appareils animaux, et dont l'action ne tarde pas à se déceler par l'anxiété précordiale, une légère diaphorèse et des supersécrétions muqueuses et urinaires, actions diverses qui les firent classer tour-à-tour parmi les toniques, les sudorifiques et les diurétiques. Et même, si les doses ont été trop imprudemment données, on voit survenir des picotemens à la superficie du corps, des nausées, des vomissemens. Le délire et des convulsions ont été observés par Dehaen, et un autre médecin a vu survenir une paralyser de la langue.

Ces stimulations diverses, qui se répercutent sur presque toutes les parties de l'organisme, ont rendu cette plante souvent utile dans le traitement de certaines maladies, et pourraient expliquer ses succès dans les affections rhumatismales et arthritiques, où tous les praticiens, avec Barthez, lui accordent les plus grands éloges. Les observations de Carrère , Razoux et Bertrand semblent constater les bons effets de la Douce-Amère contre les dartres ; cependant M. Alibert , placé au centre d'un vaste théâtre de maladies cutanées , n'en a obtenu qu'un succès médiocre dans ces affections , où il ne la donne plus actuellement que comme auxiliaire. Les docteurs Busch et Hufeland l'indiquent encore dans la phtisie pour dissiper les accidens scrophuleux du poumon ; mais si l'on conçoit que la propriété diaphorétique accordée justement à cette plante ait pu la rendre utile dans les rhumatismes et les maladies de la peau, l'esprit répugne à concevoir qu'elle ait eu quelqu'influence curative sur les désorganisations pulmonaires. Enfin , on a fait usage de la Douce-Amère à l'extérieur ; Sebizius l'employait dans les engorgemens des mamelles , et Fuller dans les contusions.

Pour suivre le degré d'importance de ces plantes, nous devons mentionner actuellement le *S. nigrum*, L., ou Morelle noire , plante herbacée qui exhale une odeur vireuse , et croît au bord des chemins ; ses rameaux supportent des corymbes éparses de petites fleurs blanches , bientôt remplacées par des baies noires et luisantes.

Les propriétés délétères qu'on s'était efforcé de trouver dans cette Morelle, que la couleur du fruit aura pu faire confondre avec la Belladone, sont loin d'être prouvées. M. Orfila a expérimenté qu'une faible quantité de son extrait pouvait être mortelle aux animaux ; mais on doit croire que son action est différente sur l'homme, puisque Théophrastes et Dioscorides racontent qu'elle était employée, de leur tems, comme potagère ; aujourd'hui elle est encore alimentaire et servie en guise de légumes dans quelques campagnes de la France, au Malabar et à l'île Bourbon. Desbois de Rochefort, qui en a donné des doses considérables, n'a jamais vu d'accidens se développer.

Les fruits noirs de la Morelle, que des observations de Camerarius, Gmelin, Wepffer et de MM. Alibert et Bertrand sembleraient annoncer comme dangereux, ont été tout-à-fait inertes dans les expériences de M. Dunal, qui en a avalé lui-même un nombre considérable sans inconvénient. Spielmann avait déjà fait pressentir ces résultats, en administrant sans danger le suc des baies de cette plante à des malades. Toutes ces considérations nous font presque douter que le *S. nigrum* ait toujours été le sujet des rapports faits par les auteurs sur ses qualités malfaisantes, et cette opinion est encore fortifiée par la grande consommation que nous savons que l'on en fait dans l'Ukraine, et par l'habitude que les Égyptiens ont de manger ce fruit, à ce que rapporte Forskal. La *Solanine* se trouve seulement dans les baies, et c'est à cet alcali organique qu'on prétendait qu'elles devaient leurs propriétés; mais sa quantité est si faible que son action ne doit pas être sensible.

Du temps d'Hippocrate, la Morelle fut employée comme sédative, et Celse la vanta, appliquée sur la tête, dans la phrénésie. Certains auteurs ont trouvé à cette plante des propriétés calmantes, dont l'action s'étendait surtout vers les organes urinaires, et de là elle a obtenu le titre de diurétique; au reste, elle paraît avoir été vraiment utile dans certains cas d'irritation de cet appareil sécréteur. En agissant sur la peau elle provoque la sueur. Mais c'est plutôt à l'extérieur que l'on continue d'obtenir de bons effets de cette plante, pour calmer la douleur des inflammations et celle des ulcérations cancéreuses ou syphilitiques, et M. Alibert la préconise dans les dartres vives et rongeantes. Ses injections ont souvent apaisé les souffrances des maladies de l'utérus.

Il est une des plantes de ce genre dont les fruits sont d'un fréquent usage alimentaire dans les provinces du midi de la France, c'est la Morelle mélongène, *S. melongena*, L., nommée par Dunal *S. esculentum*, pour désigner son usage ; elle porte des baies ovoïdes, blanches ou violettes, de la grosseur des concombres, et nommées *aubergines*, qui sont édules et forment un mets très-agréable. On les avait crues très-vénéneuses dans un temps où l'on confondait ces fruits avec ceux du *S. ovigerum*, MILL., dont les graines sont enveloppées d'une pulpe âcre et délétère, mais que l'on peut cependant manger avec sécurité quand on les a dépouillées de cette partie dangereuse, ce que l'on fait à Java pour cette plante, et dans l'Inde pour le *S. pressum*, DUN., dont on chasse par la compression les graines avec leur pulpe. D'autres *Solanum* fournissent encore des fruits qui servent à l'alimentation dans différens pays ; ainsi le *S. quitœnsœ*, LAM., qui a le goût de l'orange, le *S. muricatum*, AIT., semblable à nos melons, et les *S. nemorense*, DUN., *anguivi*, LAM., *album*, LOUR., *œthiopicum*, JACQ., se mangent au Pérou, en Chine, à Madagascar, au Japon. On peut conclure, en général, de ces exemples, que tous les fruits des *Solanum* sont d'une saveur douce et sucrée, tout-à-fait inerte, qui réside dans la substance du sarcocarpe ; mais qu'ils recèlent, dans la section des Mélongènes, à l'exception toutefois de l'Aubergine, une pulpe verdâtre qui entoure les semences, et dont l'amertume annonce le danger : elle seule est délétère, comme on l'a démontré sur les *S. hermani* et *fuscatum*, L.

La tribu des nombreuses plantes de ce genre fournit encore beaucoup d'autres espèces douées de propriétés médicales ou employées dans les différens usages de la vie. Ainsi, quelques *Solanum* nous offrent des racines recommandées comme diurétiques en divers pays, savoir : celles du *S. paniculatum*, L., au Brésil, du *S. bacciferum*, à la Jamaïque, et celle du *S. hermani*, chez les Hottentots. D'autres vertus sont accordées aux *S. trungum*, Poir., et *pressum*, Dun., qui passent aux Moluques pour favoriser les accouchemens. Les *S. undatum*, Lam., et *lasiocarpum*, Dun., servent de vomitifs au Malabar ; et, dans le même pays, le *S. violaceum* est regardé comme fébrifuge. On ne doit pas omettre de dire que Louis Valentin rapporte avoir vu le *S. carolinense*, L., réussir contre le tétanos. De ces différentes

6 *

actions , on peut conclure que ces plantes jouissent des mêmes principes irritans que nous avons vus exister avec plus d'énergie dans d'autres Solanées, et qu'elles manifestent leur puissance, tantôt sur certains organes, tantôt sur d'autres ; agissant parfois sur l'appareil urinaire , et dans d'autres circonstances sur l'estomac ou sur la masse cérébrale.

Beaucoup d'autres Morelles ont été employées à l'extérieur ; ainsi le *S. paniculatum*, L. , au Brésil, le *S. incanum* , Dun. , en Égypte , sont consacrés au pansement des plaies ; les ulcères carcinomateux se guérissent au Pérou avec le *S. albidum*, Dun.; les fruits d'un rouge magnifique du *S. vespertilio*, Ait. , servent aux femmes des îles Canaries à se peindre le visage ; ceux du *S. gnaphalioides*, Pers. , ont les mêmes usages au Pérou , et dans ce pays le *S. saponaceum*, Dun., remplace le savon.

Des Tomates.

Les fruits des plantes du genre Tomate ou *Lycopersicum* sont remplis d'une pulpe édule et agréable, dont l'usage, très-répandu de nos jours , surtout dans le midi, semble avoir eu autant de vogue dans l'antiquité. Galien et Avicennes donnaient le nom de *Pommes d'Amour* aux fruits d'un des végétaux de ce groupe, la Tomate, *L. esculentum*, Dun., pour énoncer la vertu qu'on leur prêtait de ranimer les feux éteints de l'amour ; mais ces espérances étaient non moins illusoires que la crainte de la lèpre, maladie qu'Avicennes attribuait à leur trop fréquent usage. Une longue habitude de la Tomate nous a appris à considérer la pulpe acidule de ses fruits comme un aliment très-sain, doué de qualités rafraîchissantes, et qui ne peut être trop répandu. L'espèce que nous venons de citer est presque la seule employée en Europe, tandis que dans l'Inde, c'est du *L. cerasiforme*, Dun., dont on fait ordinairement usage ; toutes les autres espèces jouissent de propriétés douces et salubres, et peuvent être employées dans l'alimentation.

Des Pimens.

La culture a rendu presque tous les *Capsicum*, primitivement originaires de l'Inde, très-communs sous toutes les latitudes de la France. Les fruits superbes qui ornent avec profusion ces élégans végétaux, sont suspendus en cônes plus ont moins alongés, d'un rouge de corail ou d'un jaune pâle , au milieu d'un feuillage d'un vert foncé. Mais qu'on se garde bien de chercher en eux la saveur agréable que semble promettre leur beauté séduisante : doués d'une âcreté extrême , ils développent une sensation brûlante qui les fait promptement rejeter.

L'espèce la plus répandue est le Piment annuel, *Capsicum annuum*, L., dont la culture s'est propagée, pour l'usage culinaire, de l'Inde dans l'Amérique et l'Europe. C'est une petite plante herbacée, que ses fruits pendans et d'un beau rouge luisant ont fait nommer vulgairement *Corail des jardins*. Toutes les parties de ce végétal ont une saveur extrêmement âcre et brûlante , qui domine surtout dans ses fruits, dont le moindre contact irrite fortement les membranes muqueuses ; ce qui n'a pas empêché l'homme d'en adopter l'usage sur ses tables, après qu'on les eut vantés comme d'utiles excitans de l'appétit et comme des fortifians de l'estomac.

Mais si l'usage modéré des Pimens peut favoriser et activer les digestions par une stimulation salutaire du tube digestif, ne doit-on pas blâmer l'abus pernicieux que les Indiens font d'un excitant si énergique , sous un ciel brûlant où les organes gastriques sont déjà si puissamment disposés aux irritations les plus redoutables. Là, toutes les espèces sont mises à contribution pour fournir au besoin presque impérieux qui les réclame. Ces fruits, que les indigènes mangent quelquefois cuits ou confits, leur servent à relever fortement les sauces, ou à faire des bouillons et de fortes décoctions qu'ils savourent avec délices, tandis que la moindre dose de ces breuvages suffirait pour épouvanter un Européen. L'inspiration de la vapeur de ces baies exposées sur le feu produit promptement des effets délétères annoncés par des éternuemens violens, des efforts considérables de toux, et des vomissemens; et la poudre, mélangée artificieusement au Tabac, a provoqué des épistaxis fâcheuses.

Des Lyciets.

Quoique les *Lycium* soient assez nombreux, ils ont été jusqu'alors peu employés. Aux environs de Paris, et surtout dans l'Europe méridionale, les buissons épais des *L. europœum* et *barbarum*, Dun., servent souvent à former des haies que leurs épines rendent impénétrables, et auxquelles un feuillage délicat et des fleurs d'un violet pâle, remplacées par de nombreux fruits rouges ou noirs, donnent le plus charmant aspect. Le *L. afrum*, DUN., muni de longues épines, servirait encore mieux à cet usage.

En Espagne et dans les campagnes environnant Aix et Montpellier, les villageois mangent assaisonnées en salade les jeunes pousses et les feuilles du Lyciet d'Europe. Il ne paraît point que la médecine ait jamais cherché à utiliser les baies abondantes de cet arbuste. Cependant, le goût douçâtre et mucilagineux de leur pulpe semblerait y annoncer des propriétés tempérantes et faiblement calmantes, qui les rendraient peut-être précieuses comme succédanées des fruits du Jujubier. Si notre thérapeutique, déjà riche en médicamens de cette espèce, ne réclame point de nouveaux essais, du moins cette douce philantropie qui guide les médecins de nos jours pourrait-elle attirer leur attention sur l'emploi de ces baies abondantes que l'indigent pourrait se procurer si facilement dans ses maladies. Il ne m'a point été possible d'entreprendre d'expériences sur ce sujet ; mais j'ai mangé impunément des fruits de cette plante, et je présume que leur couleur vermeille aura souvent tenté de jeunes enfans dans les pays où elle est cultivée.

Des Cestreaux.

A peine si l'utilité ou l'agrément ont pu tirer quelque parti des végétaux renfermés dans le genre Cestreau, *Cestrum*. Leurs petites fleurs verdâtres ou livides, groupées en thyrses élevés et gracieux au sommet des tiges, et quelquefois odorantes, donnent un aspect assez agréable à ces plantes; mais le caractère vénéneux de cette famille fertile en poisons, ne tarde pas à se décéler dans l'odeur vireuse et désagréable de certaines espèces. Au rapport de Burmann, quelques peuplades d'Afrique se servent des semences du *C. venenatum*, Thumb., mêlées à de la viande, pour détruire les bêtes féroces qui infestent leurs retraites.

Cependant il serait injuste de ne pas dire que plusieurs espèces de ce genre sont recherchées des amateurs pour l'ornement des jardins, à cause du port élégant qu'elles affectent.

Le Cestreau de nuit, *C. nocturnum*, nous présente une de ces anomalies végétales bien dignes de fixer l'attention des observateurs. Tandis que toutes les plantes émanent et s'environnent des parfums les plus suaves, durant les heures du jour, comme si l'astre solaire

distillait leur arôme délicieux ; au contraire le
Cestreau nocturne n'exhale ses vapeurs odorantes que pendant les ténèbres. C'est quand
la nuit commence que ses thyrses fleuris l'entourent d'une atmosphère embaumée , mais
elle cesse de se produire avant le retour du
matin.

HISTOIRE

NATURELLE ET MÉDICALE

DE LA FAMILLE

DES SOLANÉES.

Deuxième Partie.

HISTOIRE NATURELLE DES SOLANÉES.

SOLANEÆ, Juss.

Calix monosepalus sæpiùs persistens
vel accrescens, tubulosus, campanulatus
urceolatusve, quinquedentatus aut quinquepartitus, laciniis plerumquè inæqualibus; rarò duo, quatuor vel sex-divisus.
Corolla monopetala, hypogyna, rotata,

infundibuliformis, campanulata, rariùs
tubulosa; tubo brevi vel elongato; limbo
quatuor, sæpiùs quinque, rariùs sex lobo,
laciniis patentibus, acutis vel obovatis,
interdùm inæqualibus; æstivatio plicata,
rarissimè valvata. Stamina quinque,
sæpiùs inæqualia, rarò quatuor, sex,
lobis corollæ alternantia; filamentis plerumquè subulatis, aliquandò monadel-
phis; antheris sæpè terminalibus, oblongis, ovoideis aut reniformibus, duobus
rariùs unilocularibus, longitudinaliter
vel apice duobus poris dehiscentibus.
Ovarium ovoideum, conoideum globo-
sumve, bi-tri-quadriloculare, polysper-
mum, frequenter disco annulari impositum; stylus simplex; stigma capitatum,
subbilobum. Bacca bi-trilocularis, rariùs
unilocularis, ovoidea, globosa, conoidea;
aut capsula ovata acutave, bi-rarò subquadrilocularis, bi-rarò quadrivalvis; valvis
integris margine introflexis, dissepimentum duplicatum et parallelum efformanti-
bus, rariùs capsula circumscissa. Semina

sæpiùs minima et numerosissima, compressa aut reniformia, trophospermiis medio dissepimento adnatis inserta; Epispermium crassiusculum, rugulosum; Endospermium carnosum, tenue; Embryo inclusus, plùs minùs-ve arcuatus aut subspiralis; radiculâ ad hilum spectante.

Herbæ, frutices aut arbusculæ. Folia alterna non raro versùs ramorum apicem geminata, lobata aut indivisa, quandòque pinnatifida. Inflorescentia varia sæpè extraalaris, spicata aut corymbosa, pedicellis ebracteatis.

La famille des Solanées a été créée par De Jussieu, et comprise dans sa classe VIII, qui contient toutes les plantes Dicotylédones monopétales, à corolles hypogynes. Mais tous ces végétaux, groupés si ingénieusement dans la méthode naturelle de ce célèbre botaniste, se trouvent dispersés çà et là dans les autres classifications. Linné, dans son système, réunit la majeure partie des espèces de cette famille dans sa Pentandrie, tandis que le reste en est disséminé dans la Didynamie ; dans la méthode de Tournefort les différens genres de Solanées sont contenus à la fois dans les Campaniformes et les Infundibuliformes.

Cette famille a les plus grands rapports avec les Scrophulariées, et certains genres paraissent en quelque sorte combler l'invervalle qui sépare ces deux groupes. Néanmoins, on peut les distinguer aux caractères suivans : les feuilles, dans les Scrophulariées, sont souvent opposées ; elles sont constamment alternes ou quelquefois géminées dans les Solanées. Dans cette dernière famille, les fleurs sont souvent extraaxillaires ; elles ne le sont jamais dans la première. La corolle est toujours irrégulière dans les Scrophulariées, ses lobes sont imbriqués avant l'épanouissement de la fleur ; dans les Solanées, la corolle est le plus souvent régulière, et ses lobes sont plissés ou simplement contigus par leurs bords avant l'anthèse. Les étamines, constamment inégales et au nombre de deux ou de quatre dans les Scrophulariées, sont le plus souvent au nombre de cinq, et à peu près égales dans les Solanées. Le fruit, dans cette dernière famille, quand il est sec, est à deux, ou plus rarement à quatre loges, séparées par des cloisons formées par les bords rentrans des valves ; celles-ci sont entières. Dans les Scrophulariées, les valves sont ordinairement bifides à leur sommet, et quelquefois ces valves portent les cloisons sur le milieu de leur face interne. Enfin, dans toutes les véritables Solanées, l'embryon est recourbé sur lui-même, quelquefois même légèrement tordu en spirale, tandis que celui des Scrophulariées est constamment droit ; ce dernier caractère paraît être un des plus constans, et par conséquent un des meilleurs pour distinguer ces deux familles.

Nous divisons les genres de la famille des Solanées suivant que le fruit est sec et capsulaire, ou suivant, au contraire, qu'il est charnu. On verra que nous avons, par une observation plus exacte, apporté quelques changemens dans le classement de certains genres dans l'une et l'autre de ces sections.

SECT. 1. *Fruit sec et capsulaire.*

A. A deux loges.

* *Valves parallèles.*

ANTHOCERCIS, LABILL., BROWN. Prodr. fl. Nov.-Holl., p. 448.

Calix quinquefidus. Corolla campanulata, tubo basi coarctato, staminifera; limbo quinquepartito, æquali, striati. Stamina inclusa dydinama, cum rudimento 5-ti. Stigma capitatum, emarginatum. Capsula bilocularis, bivalvis, valvarum marginibus inflexis, placentæ parallelæ insertis. Semina reticulata.

Frutices glabriusculi. Folia alterna, petiolo basive attenuatâ cum ramo articulata, crassa, nunc glanduloso punctata. Flores axillares, subsolitarii, pedunculo minutè bracteato, ad articulum sæpiùs solubili. Corolla alba v. flava, speciosa, tubo intùs striato, limbo quandoque 6-8-partito.

Ce genre, rapproché des *Celsia* et de la Didynamie angiospermie de Linné, a été formé pour une seule espèce par Labillardière ; et R. Brown, qui l'a admis, en a décrit une seconde : toutes les deux sont de la Nouvelle-Hollande.

VERBASCUM, T., L. *Blattaria*, T.

Calix persistens, quinquepartitus, laciniis lanceolatis , acutis , subæqualibus. Corolla rotata; tubo brevi; limbo quinquepartito laciniis inæqualibus, lato-obovatis vel rotundatis, rariùs lanceolatis, acutis. Stamina quinque inæqualia ; filamentis plerumquè omnibus lanatis, majoribus rariùs nudis ; antheris transversis, lineari - reniformibus , unilocularibus , aliquandò 2-oblongis. Ovarium conoideum ovatumve, biloculare, disco vix distincto; stigma oblongum, compressum, subbilobum. Capsula calice tecta, ovoidea, obtusissima vel acuta, rariùs globosa, bilocularis, bivalvis ; valvis apice bifidis, introflexis, dissepimentum constituentibus. Semina minima.

Herbæ sæpiùs tomentosæ , inermes , foliis latis; floribus numerosis, plerumquè spicatis, aut paniculatis, sæpiùs luteis.

Les botanistes ont décrit environ soixantedix espèces de *Verbascum ;* toutes habitent l'ancien Continent, et sont répandues dans ses diverses contrées ; mais elles affectionnent spécialement les lieux arides et déserts de l'Europe méridionale ; les îles de l'Archipel, l'Arménie et la Tauride en offrent aussi quelques-unes ; huit ou dix croissent sur les monts Caucase, et une seule végète en Sibérie.

Une uniformité assez constante de caractères se remarque dans toutes les plantes de ce genre, un des plus naturels du règne végétal. Les tiges, ordinairement revêtues d'un duvet tomenteux dont les poils sont ramifiés et comme étoilés à leur sommet, ne sont armées d'épines raides que dans le *V. spinosum*, L.; les fleurs, dont les lobes inégaux de la corolle sont arrondis, offrent seulement deux exceptions dans les *V. phlomoides*, L., et *V. thapsoides*, L., où on les trouve aiguës. Les anthères, qui sont réniformes, s'éloignent un peu de cette structure dans certaines espèces, dans lesquelles deux s'alongent sur leurs filets et deviennent linéaires. La couleur même de la fleur n'offre que bien peu de variétés : presque constamment d'un beau jaune, ses teintes se rembrunissent de rouge ferrugineux dans les *V. versiflorum*, Sch., et *V. ferrugineum*, Miller, et elle est peinte en violet dans le *V. phœniceum*, L.

Des corolles en roue à lobes inégaux et arrondis, des étamines dont les filets chargés de poils diversement colorés de pourpre, de jaune ou de blanc, supportant des anthères réniformes et uniloculaires, empêchent de confondre ce genre avec aucun autre de cette famille, et lui donnent des caractères propres à l'isoler des *Celsia*, compris avec les *Verbascum* par Tournefort, et qui n'ont que quatre étamines.

C'est le *V. thapsus*, L., Spec. 252, vulgairement nommé *Bouillon-blanc*, que l'on emploie le plus ordinairement en médecine. Cette plante bisannuelle est très-commune en Europe, où elle fleurit pendant l'été ; elle se reconnaît à sa tige simple et droite, garnie d'un duvet cotonneux, abondant ; à ses feuilles toutes blanchâtres et cotonneuses, ovales, aiguës à leur extrémité, et décurrentes à leur base. Un épi simple de grandes fleurs jaunes termine la tige. Les calices sont tomenteux, à cinq divisions étroites, aiguës. Les corolles rotacées se composent d'un tube court qui s'étale en limbe à cinq lobes arrondis et inégaux ; elles supportent cinq étamines dont les filets subulés, couverts à leur base de poils blancs, se trouvent surmontés par des anthères réniformes, uniloculaires, et transversalement disposées au sommet de leur support. L'ovaire est ovoïde, cotonneux, et se change bientôt en

7 *

une capsule tomenteuse extérieurement, ovoïde, aiguë, biloculaire, renfermant de petites graines nombreuses, irrégulières et chagrinées.

Désirant connaître la composition de cette plante, M. Morin, *Journ. chim. méd.*, a analysé ses fleurs, et il résulte de ses expériences qu'elles contiennent les principes suivans :

Huile volatile jaunâtre.
Matière grasse acide.
Acides malique et phosphorique libres.
Malate et phosphate de chaux.
Acétate de potasse.
Sucre incristallisable.
Gomme.
Matière verte, ayant plusieurs des caractères de la chlorophylle.
Principe colorant jaune de matière résineuse.
Quelques sels minéraux.

Plusieurs autres espèces de Molène sont employées indifféremment en médecine à la place du Bouillon-blanc ; la plupart croissent en France , nous allons les décrire successivement. C'est cette marche que nous nous proposons de suivre pour les autres genres, afin de présenter un tableau complet, non-seulement des Solanées qui offrent quelqu'utilité à la médecine ou à l'économie domestique, mais aussi de toutes les plantes de cette famille qui sont répandues dans notre pays.

La Molène thapsoïde ou faux Bouillon-blanc, *V. thapsoides*, Lin., Spec. 1669? Tige herbacée, grosse, cylindrique, s'élevant de quatre à cinq pieds, ailée, chargée de rameaux, et revêtue ainsi que les feuilles d'un duvet étoilé, blanchâtre et épais. Celles-ci sont grandes, alternes, sessiles, décurrentes, oblongues, étroites, médiocrement pointues et à bords crénelés. Fleurs petites, disposées en épis lâches qui terminent la tige et les rameaux. Corolles jaunes à lobes arrondis. Étamines à filets couverts de poils jaunes.

Cette plante est rare en France, on l'a cependant trouvée dans les campagnes du Dauphiné.

Le *V. thapsoides* a les plus grands rapports avec le *V. thapsus* ; il en diffère seulement par ses tiges ramifiées, ses feuilles plus longues et plus étroites, et par ses fleurs en panicule, plus petites et moins sensibles.

Linné dit que cette plante n'est qu'une production hétérogène, née de la fécondation du *V. lychnitis* par le *V. thapsus*, et que cette origine a été reconnue telle au jardin d'Upsal pendant l'année 1761. Il ajoute que le *V. thapsoides* tient aux *Lychnitis* par sa tige rameuse, par ses fleurs, par les poils purpu-

_escens des étamines , et qu'il participe du *thapsus* par la décurrence de ses feuilles et la forme de ses calices.

La Molène à feuilles épaisses , *V*. *crassi-folium*, Fl. fr., se distingue de presque toutes les autres espèces par les étamines dont tous les filets sont glabres. Cette espèce , que je n'ai point eu occasion de voir et qui est mentionnée dans la Flore française, a été trouvée dans le Valais par un botaniste , et par M. Poiret dans les environs de Soissons.

Molène phlomoïde, *V*. *phlomoides*, L., Spec., n°. 4. Tige herbacée de quatre à cinq pieds de haut , cylindrique , lanugineuse , presque toujours paniculée. Les feuilles sont ovales ou ovales-oblongues , rétrécies en pétiole , non décurrentes , et de un ou deux pieds de longueur ; elles ont des surfaces cotonneuses, drapées, très-douces au toucher , et leurs bords présentent des crénelures plus ou moins sensibles , souvent irrégulières. De grandes fleurs odorantes, courtement pédonculées , jaunes ou quelquefois blanches , disposées en épis lâches, terminent la tige ou ses rameaux , en formant d'élégantes pyramides. Le calice est très-petit et le tube de la corolle fort court. Les filamens des étamines sont jaunes. Stigmate épais. Fruit ovoïde, arrondi, cotonneux. Cette espèce croît dans les lieux secs et dans les chemins ; elle se trouve aux environs de Paris et communément dans le midi de la France.

Molène lychnite, *V. lychnitis*, Lin., Spec. 253. Tige herbacée de deux à trois pieds, droite, un peu rameuse, chargée de feuilles, et légèrement cotonneuse. Les feuilles disposées alternativement sont molles, douces au toucher, presque glabres en-dessus, un peu cotonneuses en-dessous ; leur forme est ovale-lancéolée et se rapproche de celle de la Cynoglosse ; elles se terminent par des bords entiers ou crénelés. Les fleurs sont petites, pédonculées, colorées en jaune pâle, et disposées en panicules rameuses, sur lesquelles les fleurs se trouvent lâchement situées et munies de bractées linéaires-lancéolées. Les ramifications paniculaires et les pédoncules sont chargés d'une poussière farineuse. Tous les filamens des étamines sont velus, et leurs poils sont jaunâtres. L'ovaire est tomenteux. Cette plante, qui croît dans les terrains pierreux et montueux, se trouve dans les environs de Paris.

Molène poudreuse, *V. pulverulentum*, W ILL. Cette plante, confondue avec le *V. lychnitis*, a été reconnue comme espèce par plusieurs botanistes. Ses tiges sont cylindriques, paniculées supérieurement et portent des feuilles ovales, alongées, médiocrement dentées, rétrécies ou à pointes aiguës à leur sommet. Toutes les parties de cette plante sont recouvertes d'un duvet pulvérulent, floconneux, qui s'enlève facilement. Les fleurs sont jaunes et grandes, et les filets des étamines, chargés de poils blancs, ont des anthères colorées en rouge orangé. Cette Molène se trouve abondamment aux environs de Genève et croît aussi près de Paris.

La Molène mélangée, *V. mixtum*, R AM., *Pyr. inéd.* ; c'est une espèce que M. Ramond a trouvée dans les Pyrénées. M. De Candolle dit que « cette plante a le feuillage de la Molène
» lychnite, la panicule de la Molène pou-
» dreuse, et la fleur de la Molène noire ;
» on doit peut-être la regarder comme une
» hybride ou comme une variété notable de
» l'une des espèces que je viens d'indiquer.
» La plante s'élève jusqu'à un mètre ; la tige
» est à peu près cylindrique couverte ainsi

» que les feuilles d'un duvet blanchâtre, court,
» plus lâche que dans la Molène lychnite, plus
» serré que dans la Molène poudreuse ; les
» feuilles sont oblongues, pointues, légère-
» ment crénelées ; les inférieures sont un
» peu pétiolées, et les supérieures sessiles :
» les fleurs forment une panicule rameuse
» dont les branches sont velues, tandis qu'elles
» sont glabres dans la Molène poudreuse ; le
» calice est velu, à cinq lobes égaux ; la
» corolle est jaune ; les filets des étamines
» sont garnis de poils violets. Cette Molène a
» été observée près Maubourguet, dans le
» département des Hautes-Pyrénées. »

La Molène noire, *V. nigrum*, L., Spec.,
pl. 6, présente une tige herbacée, droite,
cylindrique, un peu anguleuse, parsemée
d'un léger duvet qui recouvre sa couleur d'un
rouge-brun ; il en naît de grandes feuilles
irrégulièrement crénelées, pétiolées, presque
glabres. Les fleurs sont jaunes et disposées
en longs épis serrés et tomenteux. Les calices
offrent cinq divisions profondes, ovales,
lancéolées. Les corolles, disposées en roue,
supportent des étamines dont les filets sont
hérissés de poils rouges ou de couleur purpu-

rine. L'ovaire est arrondi, tomenteux, et le fruit, qu'il constitue plus tard, présente une forme ovoïde.

Molène queue-de-renard, *V. alopecurus*, THUILL., Fl. Par. Il est très-probable que cette plante a été confondue avec le *V. lychnitis*, dont elle diffère par ses longs épis simples et terminaux. Ses tiges sont droites, anguleuses, très-simples, hautes d'un pied et demi environ, et couvertes d'un duvet épais, floconneux ; elles supportent des feuilles ovales, alongées, aiguës, crénelées, blanches, pétiolées inférieurement, et souvent glabres en-dessus ; sessiles à l'extrémité de la plante, pubescentes en-dessus et cotonneuses en-dessous. Fleurs sessiles formant un épi alongé, simple et terminal, dont le calice est petit, velu, à cinq dents ovales. Corolles jaunes, pubescentes, portant des étamines à filets hérissés de poils colorés en pourpre.

Ce *Verbascum* se trouve dans les environs de Paris et dans quelques provinces de la France.

La Molène purpurine, *V. phœniceum*, Lin., Spec. 254, se distingue facilement parmi les autres espèces de son genre : la couleur purpurine de ses fleurs , disposées en épi lâche à l'extrémité de ses tiges , forme un caractère différentiel qui la fait reconnaître au premier aspect. Sa tige est herbacée , droite , faiblement anguleuse , peu ramifiée , médiocrement feuillée , haute d'un pied et demi environ ; elle est pubescente , à poils non stellés , parsemée de points brillans. Les feuilles radicales sont pétiolées, ovales ou ovales-oblongues , obtuses , ondées ou crénelées dans leur contour , un peu ridées , vertes ou presque glabres sur leur surface ; les caulinaires sont glabres , sessiles , cordiformes, acuminées, les unes entières , les autres dentées. Les fleurs sont disposées alternativement en épi lâche , comme celles du *V. blattaria* dont elles égalent la grandeur ; leur couleur est pourprée ou violette intense , tirant sur le bleu. Calice à cinq découpures lancéolées, inégales, velues. Corolle à cinq lobes inégaux , arrondis , à tube légèrement jaunâtre ; filamens chargés de poils de la couleur de la fleur , seulement ceux des filamens supérieurs sont d'un blanc jaunâtre. Anthères noirâtres. Ovaire glabre. Capsule ovale, un peu acuminée , coriace. Cette plante croît dans les parties méridionales de l'Europe.

Molène blattaire, *V. blattaria*, Lin., Spec., pl. 8. Tige herbacée, droite et peu rameuse, cylindrique, obscurément anguleuse, glabre inférieurement, pubescente vers les extrémités ; elle est chargée de feuilles nombreuses, alternes ; les inférieures sont oblongues, obtuses, pétiolées, ridées, presque pinnatifides ; les supérieures sont petites, aiguës, embrassantes ou dentées. Les fleurs sont jaunes et forment une panicule lâche terminale, parsemée de poils courts et glanduleux à leur extrémité ; elles se trouvent situées dans l'aisselle des bractées et supportées sur de longs pédoncules. Calice profondément divisé à lobes lancéolés, pointus. Corolle à découpures ovales, arrondies, munie d'étamines à filets courts, portant vers leur base des poils rougeâtres ou violets. Capsule sphérique, biloculaire, bivalve, glabre dans sa maturité, et contenant un grand nombre de semences alvéolées.

Cette espèce se trouve en Europe ; elle est commune en France dans les terres humides et glaiseuses.

Molène fausse-blattaire, *V. blattarioïdes*, Lam., Dict. 4, p. 225. Cette plante présente une tige herbacée, droite, rameuse, feuillée, cylindrique, souvent d'un brun rougeâtre, haute de deux à trois pieds environ. Les feuilles sont sessiles, oblongues, terminales, pointues; celles du bas rétrécies aux extrémités et irrégulièrement sinuées et crénelées; les supérieures alternes, amplexicaules et pointues, dentées en scie : toutes ces parties sont parsemées de poils courts et rares, ce qui distingue cette espèce de la précédente. Des fleurs grandes, d'un beau jaune, disposées en épis lâches, terminent les tiges; elles sont ordinairement géminées, autre caractère différentiel de cette espèce, et qui sert essentiellement à la distinguer du *V. blattaria*. Calice partagé en lobes linéaires, pointus, évasés, velus. Corolle du diamètre d'un pouce, à lobes ovales. Anthères jaunes, portées sur des filamens purpurins, dont les deux inférieurs paraissent glabres, tandis que les autres sont chargés de poils rougeâtres. Ovaire ovoïde. Capsule globuleuse du volume d'un gros pois.

Cette espèce se trouve aux environs de Paris.

Molène de Chaix, *V. chaixi*, WILL., Spec. 1005. Tige de deux pieds de hauteur environ, droite, veloutée, médiocrement feuillée. Feuilles supérieures alternes, pétiolées, ovales, presque cordiformes, et glabres, dont le contour est crénelé ; les inférieures sont lobées et presque en lyre. Fleurs médiocrement grandes, paniculées, agglomérées deux, trois ou quatre ensemble. Le calice est cotonneux ; les filamens sont plus courts que la corolle et garnis de poils purpurins.

Cette plante croît spontanément dans les départemens méridionaux de la France, au milieu des rochers et des terrains les plus arides.

Molène sinuée, *V. sinuatum*, Lin., Spec. 254. Sa tige herbacée, droite, velue, rameuse, s'élève à trois ou quatre pieds. Ses feuilles radicales sont oblongues, un peu étroites, surtout vers la base, obtuses ou à peine pointues, vertes, peu tomenteuses ; leur contour est sinué et comme pinnatifide, à lobes obtus, ondés, symétriques ; les caulinaires sont amplexicaules, également obtuses, mais plus larges vers la base qu'à leur extrémité. Les fleurs, jaunes, forment des épis lâches et très-grêles, rassemblés dessus par petits faisceaux alternes, distans, composés de cinq à six fleurs logées dans l'aisselle des bractées. Le calice est tomenteux en dehors, et offre des divisions ovales, pointues. La corolle est pubescente extérieurement. Les étamines, moins longues qu'elle, ont des filamens hérissés de poils violets. L'ovaire est cotonneux, ovoïde, et chargé d'un style presque glabre.

Cette espèce est commune dans les lieux environnant les bassins de la Méditerranée, dans le midi de la France et l'Italie; elle vient dans les lieux secs et sur les bords des chemins.

J'ai décrit avec détail certaines espèces de *Verbascum*, à cause des difficultés qu'offrent ces plantes quand on veut les reconnaître. En général, peut-être a-t-on trop multiplié les espèces de ce genre, qui paraissent varier considérablement selon les localités où on les trouve, et que la fécondation hybride peut aussi métamorphoser singulièrement. C'est par de nouvelles observations que les naturalistes judicieux nous éclaireront sur ce sujet; en attendant j'ai décrit comme espèces, toutes celles qui ont été décorées de ce nom par la majorité des botanistes.

NICOTIANA, L., J.

Calix persistens, tubuloso-campanulatus vel urceolatus, quinquedentatus aut quinquefidus, laciniis inæqualibus. Corolla infundibuliformis, hypocrateriformis aut subcampanulata ; tubo calice longiore, sæpè supernè ampliato ; limbo quinquefido vel quinquepartito, plicato. Stamina quinque, sæpiùs inæqualia, quatuor paulò longiora; filamentis filiformibus, rarò brevibus; antheris subrotundis aut ovoideis, bilocularibus, longitudinaliter dehiscentibus. Ovarium ovoideum conicumve, bi-vel quadriloculare, disco annulari impositum; stylus filiformis; stigma capitatum, medio sulco subbilobum. Capsula ovata, subglobosa vel conica, bi-rarò quadrilocularis et bi-rarò quadrivalvis, calice persistente cincta. Semina subreniformia, rugosa, numerosissima.

Plantæ herbaceæ, rarò suffrutices, sæpè pubescentes et viscosæ, foliis alternis. Flores terminales, racemosi.

Il existe environ vingt-quatre espèces de *Nicotianes* ; le plus grand nombre habite l'Amérique méridionale. Le seul *N. rustica*, L., croît en même tems dans tout le globe ; une espèce unique se voit à la Nouvelle-Hollande.

La corolle des Nicotianes offre des variations assez remarquables. Son tube toujours long et grêle est cependant évasé à son origine, et pourrait la faire regarder comme presque campaniforme dans le *N. rustica*, L. Cette corolle offre un limbe plissé dont les divisions sont tantôt aiguës et acérées, *N. quadrivalvis*, Purs., tantôt se trouvent découpées en lobes orbiculaires et saillans, *N. decurrens*. Ces corolles sont souvent verdâtres, quelquefois blanches, ou animées du plus beau rose.

Les étamines présentent aussi beaucoup de variétés ; toujours un de leurs filets offre quelque anomalie ; ordinairement il naît plus bas et acquiert moins de hauteur que les autres. Dans certains cas on voit quatre anthères, presque sessiles, cachées dans la gorge de la fleur, tandis qu'une seule s'y trouve portée sur un long filet, *N. undata*, Vent. On remarque même que quand toutes les anthères sont presque sessiles, comme dans le *N. plumbagini-folia*, Will., une d'elles est toujours placée plus bas que les quatre autres.

8

Malgré ces diversités, le genre *Nicotiana* se distinguera toujours de tous ceux de la même famille à la forme de sa corolle et de son calice, et à la structure de son fruit, qui varie peu, et se trouve seulement à quatre loges et quatre valves dans le seul *N. quadrivalvis*.

Le Tabac ordinaire, *N. tabacum*, L., Spec. 258, est une plante annuelle, offrant une tige rameuse et cylindrique qui s'élève à trois ou quatre pieds, recouverte d'un duvet visqueux, et d'où naissent de grandes feuilles ovales, aiguës, sessiles, disposées alternativement sur elle, présentant des surfaces pubescentes et faiblement visqueuses. De grandes et belles fleurs roses forment des panicules aux extrémités de la tige et de ses rameaux. Leur calice est tubuleux, subcampanulé, à divisions aiguës. La corolle infundibuliforme est pubescente extérieurement, et a son tube très-long ; d'abord cylindrique en bas, il s'évase en haut avant de s'étaler en un limbe à cinq divisions profondes, larges et aiguës, disposées horizontalement. Les cinq étamines sont insérées au milieu du tube; leurs filets subulés et velus se terminent par des anthères ovoïdes. L'ovaire est conique, tronqué inférieurement, et situé sur un disque coloré en jaune. Le stigmate est légèrement bilobé. Une capsule ovoïde, alongée en pointe, bivalve, biloculaire, et renfermant de nombreuses graines, constitue le fruit de cette plante importante, originaire de l'Amérique.

M. Vauquelin a publié dans les Annales de Chimie, LXXXI, 139, une analyse du suc des feuilles du Tabac, que nous reproduisons ici pour compléter l'histoire de cette plante. Selon lui, on y découvre les matériaux suivans :

Matière animalisée rouge, soluble dans l'eau et dans l'alcohol.
Principe âcre particulier, soluble dans l'eau et dans l'alcohol.
Principe volatil incolore (partie active).
Résine verte.
Albumine.
Ligneux.
Acide acétique.
Nitrate et muriate de potasse.
Nitrate d'ammoniac.
Et, en plus, dans le Tabac du commerce, du carbonate d'ammoniac paraissant provenir de la décomposition qui s'opère entre la chaux et le muriate d'ammoniac mêlé au Tabac pour lui donner du montant.

Le Nicotiane rustique, *N. Rustica*, L., BULL., Herb., t. 289, connu encore sous le nom de Tabac femelle, est répandu dans toutes les régions du globe, et résiste facilement à l'intempérie des saisons ; cette espèce, que l'on cultive en grand dans les départemens du midi de la France, et qui vient spontanément dans les environs de Paris, présente une tige de deux à trois pieds d'élévation, rameuse, cylindrique, supportant des feuilles épaisses, ovales, obtuses, un peu glutineuses, couvertes d'un duvet fin, et portées sur de courts pétioles. Les fleurs, disposées en panicule terminale et rameuse, sont composées de calices à cinq divisions aiguës et inégales, et de corolles subcampanulées, colorées en jaune-verdâtre, offrant un limbe à divisions arrondies, peu distinctes. Le fruit capsulaire a la forme ovoïde.

PETUNIA, Jussieu, Ann. du Mus., t. 2, p. 214.

Calix profundè quinquefidus, laciniis oblongis, subspatulatis. Corolla tubulosa; limbo dilatato, subquinquelobo, inæquali. Stamina quinque inæqualia, non exserta; antheris subrotundis. Stigma capitatum, subbilobum. Capsula calicis basi infrà cincta, apice bivalvis, 2-locularis, polysperma, seminibus minutis.

Herbæ. Folia alterna, floralia ex eodem puncto gemina. Flores solitarii, axillares.

Deux plantes de l'herbier de Commerson, trouvées à l'embouchure de la Plata, ont fait créer ce genre par M. De Jussieu ; il le nomma *Petunia*, pour rappeler ses rapports avec le Tabac, appelé *Petun* par les Brésiliens. Le premier de ces botanistes avait rapproché ces plantes des Campanules et des Liserons ; mais elles tiennent, par la structure de leur fruit, aux Personées et aux Solanées, et doivent se ranger naturellement dans cette dernière famille, à cause du nombre de leurs étamines. Leurs capsules les unissent, par analogie, aux Nicotianes ; cependant elles sont distinguées facilement de ces plantes par leurs calices, divisés profondément en lobes spatulés, et par le limbe irrégulier de leur corolle, dont les divisions sont à peine marquées ; enfin, ces végétaux s'en éloignent aussi par leur port et par leurs fleurs solitaires et axillaires, qui n'ont aucune ressemblance avec les panicules terminales des *Nicotiana*.

MARCKEA, Richard., Act. soc. hist. nat., t. 1, p. 107.

Calix persistens, pentagono-tubulosus, semiquinquefidus, laciniis erectis, subulatis. Corolla subinfundibuliformis; tubo quinqueangulato in faucem latescente; limbo subrotato, quinquepartito, laciniis æqualibus, suborbiculatis, planis. Stamina quinque æqualia, inclusa; filamentis filiformibus, basi pubescentibus; antheris terminalibus, oblongis, obtusis, bilocularibus longitudinaliter dehiscentibus. Ovarium oblongo-conoideum, disco adfixum; stylus filiformis; stigma sublanceolatum, oblongum. Capsula calice involucrata, oblonga, teres, basi paulò angustata, suprà medium leviter coarctata, atque in apicem conoideum desinens, bilocularis et bivalvis.

Frutex sarmentosus, scandens et sub-volubilis, foliis alternis, molliter crassis. Flores subaxillares, solitarii, longissimi, recurvo-penduli ad summitatem, in paucos pedicellos uniflores divisi.

On ne connaît qu'une seule espèce de *Marckea* (*M. coccinea*, RICH.); ses fleurs, d'un beau rouge écarlate, et agglomérées en grappes suspendues à l'extrémité de ses

lianes sarmenteuses , ornent les forêts maré-
cageuses de la Guiane. Cette plante a été
transformée en genre , consacré à la mémoire
du célèbre Lamarck, par le professeur Richard.
Certaines Nicotianes ont quelque ressemblance avec elle ; mais ce végétal en est parfaitement isolé par son port ligneux, ses tiges
volubiles , ses fleurs en grappes pendantes ,
et surtout ses fruits très-coniques et étranglés
par le milieu.

NIEREMBERGIA , R. et P.

Calix tubulosus, quinquefidus. Corolla
subhypocrateriformis ; tubo longissimo
plicato? Stamina quinque exserta; filamenta infernè connata ; antheræ longitudinaliter dehiscentes. Stigma subinfundi-
buliforme, bilobum? Capsula in fundo
calicis persistentis, bilocularis, bivalvis;
dissepimentum valvis parallelum , de-
mum liberum ; placentæ dissepimento
arctè adnatæ.

Caules lignosi aut herbacei, filiformes,
procumbentes, et sæpè repentes. Folia
sparsa, solitaria, interdùm geminata ,

integra et integerrima. Flores extraaxillares aut oppositi-folii, solitarii, subsessiles, albi. (KUNTH., *Nov. gen. pl. Orb. Nov.*)

Genre constitué sur une seule espèce par Ruiz et Pavon, *Flor. pér. et chil.*, et conservé par Kunth; il contient aujourd'hui deux espèces, l'une du Pérou, l'autre du Mexique. Les filets incomplètement monadelphes de leurs étamines, qui supportent à leur sommet des anthères cordiformes, au milieu d'une corolle hypocratériforme, ne permettent pas de confondre ce genre avec les autres Solanées ; les *Lycopersicum*, qui s'en rapprochent par l'adhérence de leurs filets, s'en distinguent parfaitement par tous les autres caractères de la fructification et de la végétation.

BRUNFELSIA, PLUM., L.

Calix campanulatus, brevis, quinquedentatus. Corolla tubulosa, hypocrateriformis ; tubo cylindrico, longissimo ; limbo plano, quinquelobo, lobis ovalibus, inæqualibus. Stamina quatuor didynama , inclusa, superiorem tubi partem versùs inserta ; filamentis brevibus, crassis et glabris ; antheris reniformibus. Ovarium conoideum , disco annulare collocatum ; stigma capitatum , sulco medio subbilobum. Capsula globosa, corticata , bilocularis , bivalvis , receptaculum centrale.

Frutices inermes, foliis alternis ; flores solitarii , terminales aut axillares.

Les nomenclateurs n'ont encore mentionné que deux espèces de *Brunfelsia*, trouvées aux Antilles. Nous n'avons pas eu occasion d'observer les fruits de ce genre exotique , dédié par Plumier à Brunfels , médecin et botaniste allemand ; ces fruits, d'après Gœrtner fils, ne sont pas des baies, comme l'avaient dit Linné et De Jussieu, mais bien des capsules biloculaires. Une attention rigoureuse ne nous a pas dévoilé l'existence rudimentaire de la cinquième étamine que certains naturalistes disent avoir trouvée dans les *Brunfelsia*, et nous pensons, avec Swartz, que ces végétaux n'ont vraiment que quatre étamines didynames , ce qui les éloignerait un peu des Solanées , avec lesquelles leurs autres caractères les font naturellement classer.

NICANDRA, Adans.

Calix accrescens, urceolatus; laciniis subcordatis, apice mucronatis, convergentibus, marginibus prominentibus, approximatis ità ut calix subglobosus, urceolatus, et subquinque alatus. Corolla infundibuliformi-campanulata; tubo brevissimo; limbo quinquelobo, lobis plicatis, obtusis. Stamina quinque inclusa; filamentis æqualibus, subulatis, subvillosis et incurvatis basi dilatatâ ovarium tegenti; antheris subovoideis, bilocularibus, sulco longitudinali dehiscentibus. Ovarium ovoideum basi latâ, disco annulari insidens, tri-quadri-vel quinqueloculare; stylus brevis; stigma capitatum, tri - quadri - aut quinquelobum. Capsula globosa, indehiscens, membranacea, 3-4-ve 5-locularis, polyspermis, calice accrescente tecta. Semina crebra, reniformia.

Plantæ herbaceæ, caulibus inermibus;

foliis alternis, dentatis. Flores cœrulei,
extraaxillares.

Adanson désigna le premier, sous le nom
de *Nicandra*, l'*Atropa physalodes*, L., avant
lui confondu avec les Belladones ; ce genre,
admis depuis par De Jussieu, s'en distingue
évidemment par son calice anguleux, et surtout
son fruit, qui n'est point une baie sèche, comme
différens botanistes l'ont décrit, mais bien un
péricarpe capsulaire, membraneux et transpa-
rent, se déchirant spontanément, et séparé
à l'intérieur en trois, quatre ou cinq loges,
par des cloisons très-minces. Le calice profondément lobé, la forme campanulée de sa corolle,
et la structure du fruit, ne permettent pas de
confondre ce groupe avec les *Physalis,* comme
le nom d'une espèce semblerait l'en rapprocher,
N. physalodes. Ce genre ne contint long-tems
qu'une seule plante indigène du Pérou : Roëmer
et Schultes en ont décrit une seconde des Indes
orientales.

** *Valves superposées* (Pyxide).

HYOSCIAMUS, L., J.

Calix persistens, subcampanulatus,

quinquedentatus, dentibus acutis, inæqualibus. Corolla infundibuliformis, irregularis, quinqueloba; tubo longo; limbo
obliquo, lobis obtusis, inæqualibus,
inferioribus profundè separatis. Stamina
quinque declinata; filamentis subulatis,
inæqualibus, infernè pilosis; antheris
oblongis, ovoideis, bilocularibus, sulco
longitudinali dehiscentibus. Ovarium
ovoideum conoideumve, biloculare;
stylus filiformis; stigma capitatum. Fructus : pyxida ovoidea, bilocularis, bivalvis, calice circumtecta, operculo hemi-
sphærico. Semina crebra, reniformia,
rugosa.

Herbæ luridæ, viscoso-pilosæ, foliis
alternis. Flores terminales aut spicati,
sæpè unilaterales.

Les Jusquiames habitent toutes l'ancien
Continent, et se trouvent dans l'Europe, la
Perse, l'Égypte ; un grand nombre végètent
vers les rivages de la Méditerranée ; une seule
espèce s'en éloigne et croît en Sibérie ; on en
compte en tout douze ou quatorze. Par son

fruit , s'ouvrant au moyen d'une opercule, le genre *Hyosciamus* forme une seule exception dans la famille des Solanées, et se distingue très-facilement de toutes ses autres plantes.

La Jusquiame noire, *H. niger*, L., Sp. 257, que l'on emploie en médecine, est une plante annuelle qui s'élève ordinairement à un ou deux pieds. Sa tige rameuse et chargée de longs poils visqueux présente des feuilles molles, alternes, éparses, et quelquefois opposées, dout la forme est ovale, aiguë, et les bords profondément sinueux; toutes sont velues, glutineuses. Les fleurs, presque sessiles, se trouvent disposées en longs épis unilatéraux. Le calice est campanulé à cinq dents aiguës. La corolle, infundibuli-forme, a son limbe coupé obliquement en cinq divisions inégales et arrondies ; elle est d'une couleur jaune pâle, veinée en pourpre-noir. Le fruit est une pyxide renflée inférieurement, entourée par le calice persistant, et contenant beaucoup de graines.

Cette plante est très-commune dans les environs de Paris, le long des chemins et sur les décombres.

L'analyse des feuilles de cette espèce de Jusquiame a été faite il y a peu de tems, et on y a découvert les principes mentionnés ci-après :

> Extractif alcalin de nature particulière, cristallisable et susceptible de former des sels avec les acides, nommé *Hyosciamine* par M. Brandes.
> Acide gallique.
> Résine.
> Mucilage.
> Divers sels.

Quelques médecins emploient encore la Jusquiame blanche et la Jusquiame dorée. La première, *H. albus*, L., Spec. 257, est une plante d'un pied environ d'élévation, médiocrement rameuse, dont la tige herbacée, cylindrique, couverte de poils noirs visqueux, est chargée de feuilles alternes presqu'arrondies et profondément sinuées, portées sur de longs pétioles, couvertes d'un duvet lanugineux et blanchâtre. Les fleurs sont axillaires, solitaires, presque sessiles, colorées en jaune pâle, et leurs calices campanulés, plus vastes que la corolle, se terminent par cinq dents très-courtes : ils supportent des corolles irrégulières, infundibuliformes, à cinq lobes inégaux, obliques et arrondis. Cinq étamines déclinées, à filets subulés, velus et colorés en violet. Stigmate capité, membraneux. Cette Jusquiame croît dans les régions australes de l'Europe ; elle se trouve répandue abondamment dans la Provence, la Lorraine et le Languedoc.

La Jusquiame dorée, *H. aureus*, L. , est une des plus belles espèces de ce genre. Le limbe de ses corolles est d'un beau jaune, et la gorge pourpre-noir. La tige cylindrique de ce végétal s'élève à environ un pied de hauteur ; ses feuilles sont velues, éparses, pétiolées, arrondies, un peu cordiformes, et elles offrent des bords très-anguleux et dentés irrégulièrement ; elles sont molles, et leur surface presque glabre. Les fleurs sont axillaires et terminales ; les filamens des étamines violets. Cette espèce croit dans les provinces méridionales de la France et dans l'Orient.

B. A quatre loges.

DATURA, L., *Brugmansia*, Persoon.

Calix caducus, rariùs persistens, tubulosus, basi subventricosus, prismaticus, pentagonus, angulis prominentibus, apice quinquedentatus. Corolla magna, infundibuliformis ; tubo longo ; limbo plicato, quinqueangulato aut decemdentato, torsivo. Stamina quinque subinclusa, æqualia; filamentis subulatis, glabris; antheris ovoideis, oblongis, bilocularibus, longitudinaliter dehiscentibus. Ovarium conoideum ovoideumve, nunc subechinatum, nunc læve, supernè biloculare, infrà quadriloculare; stigma sulco transversali subbilobum. Capsula ovoidea, spinosa vel glabra, subquadrilocularis, quadrivalvis. Semina reniformia, rugosa, crebra.

Herbæ, rariùs fructices aut arbusculæ, interdùm scandentia. Folia sæpè geminata, sinuato-angulata vel integra. Flores axillares, solitarii, albi, violacei coccineive.

Plus de quinze espèces sont rangées dans le genre *Datura*; nous y comprenons le *D. arborea*, dont Persoon avait formé son genre *Brugmansia*. En effet, cette plante se rapproche entièrement des Datura, car le calice unilobé qu'elle porte ne doit pas suffire pour l'en éloigner; et d'ailleurs une attention rigou

reuse découvre dans cette structure les cinq
dents réunies ensemble , et se prolongeant en
une seule languette latérale, comme nous nous
en sommes assuré aussi dans le *D. ceratocaula*,
Oʀᴛ., auquel cette structure est commune ,
mais qui se sépare encore de ces plantes par
d'autres caractères.

La Pomme épineuse, *D. stramonium*, L.,
Spec. 255, est la seule espèce de ce genre
employée en médecine. C'est une plante
annuelle qui s'élève à trois ou quatre pieds,
et se trouve communément dans les lieux
incultes. Ses caractères botaniques la rendent
facilement reconnaissable ; sa tige herbacée,
cylindrique, dichotome, très-rameuse, un peu
pubescente en haut , supporte des feuilles
grandes, ovales, pétiolées et aiguës, à bords
anguleux, et dont les surfaces sont pubescentes.
Cette plante est surtout remarquable par ses
grandes fleurs solitaires, extraaxillaires, offrant
des calices alongés, prismatiques, à cinq angles
très – saillans , se terminant en cinq petites
dents. Cet organe est en partie caduc ; son
extrémité supérieure tombe après la fécondation ; la base seule persiste et forme une espèce
de collerette sur le pédoncule. La corolle ,

qui est très-vaste et d'une couleur blanche, lavée de violet, acquiert trois poucesde longueur; elle est infundibuliforme, bien plus longue que le calice; son limbe évasé et plissé se termine par cinq pointes très - aiguës. Les étamines sont incluses. L'ovaire est pyramidal, couvert de petites pointes. Le stigmate est empreint d'un sillon. Le fruit est une capsule ovoïde, recouverte de piquans raides et très-aigus, composée de quatre valves s'ouvrant à la maturité et laissant voir quatre loges incomplètes, parce que deux des cloisons n'atteignent pas le sommet du fruit.

Les chimistes, pour contribuer à l'avancement des sciences médicales, n'ont point manqué d'analyser une plante aussi importante que la Pomme épineuse, et l'on a trouvé (Bromnitz *in mat. med.* Edwards), que ses feuilles contenaient les principes suivans :

Matière extractive gommeuse.	58
M. extractive.	6
Fécule.	64
Albumine.	15
Résine.	12
Sels.	23

Mais cette simple analyse n'est plus applicable aux graines que nous avons vues jouir d'une énergie extraordinaire : celles-ci contiennent un bien plus grand nombre de principes, dont M. Brandes a tenté de débrouiller le chaos. Voici les principaux résultats que l'on a pu jusqu'alors en obtenir :

Gluten végétal.
Albumine.
Gomme.
Matière butyracée.
Cire verte.
Huile fixe.
Tragacanthe.
Matières saccharines.
Extractif gommeux.
Extractif orangé.
Malate et surmalate de potasse et de daturine.
Muriate, sulfate, phosphate, benzoate, carbonate, acétate de chaux.
Plusieurs sels à base de potasse.
Silice.
Oxide de cuivre.
Oxide de fer.
Oxide de manganèse.
Alumine.

La *Daturine*, nouvel alcali organique, cristallisable en flocons aciculaires, susceptible de former des sels solubles par son union avec les acides, se retire de ces semences où il est à l'état de malate acide.

Sᴇᴄᴛ. 2. *Fruit charnu.*

SOLANDRA, Sᴡᴀʀᴛᴢ, non L. nec Mᴜʀʀᴀʏ.

Calix tubulosus, subpentaedroprisma-
ticuscorollà amplior, apice per unicum,
aliquandò per duos, rariùs per omnes
angulos irregulariter sese rumpens. Corolla maxima, infundibuliformis; tubo
cylindraceo; limbo magno, campanulato,
quinquelobo, lobis subæqualibus, patentibus, subreniformibus, obtusis, margine
sinuosis. Stamina quinque declinata;
filamentis filiformibus, supernè incurvatis; antheris terminalibus, oblongis,
bilocularibus, longitudinaliter dehiscentibus. Ovarium conoideum supernè atte-
nuatum; stigma convexo-capitatum, in-
tegerrimum. Bacca conoidea, lævissima;
pericarpium crassiusculum, duracinum,
quadriloculare, loculis polyspermis.

Caulis fruticosus, sarmentosus. Folia

sparsa, alterna. Flores terminales, solitarii, sessiles, erecti.

Swartz a établi ce genre pour une seule
espèce trouvée à la Guadeloupe. Ses fleurs ont
un limbe jaune avec des lignes longitudinales
violettes; leur structure se rapproche beaucoup
des *Datura*, dont elles sont bien distinguées
cependant par leur calice bilobé, par leur
corolle dont les lobes sont arrondis, au lieu
d'être aigus comme dans ces plantes ; mais
c'est surtout en considérant le fruit bacciforme
et conique des *Solandra*, que les analogies
s'évanouissent, et que l'on est forcé d'admettre
l'utile séparation que l'on a faite de ce genre,
anciennement compris dans le *Datura*.

Nous croyons que l'on devrait peut-être
rapprocher des *Solandra* le *Datura ceratocaula*, Ort., dont le péricarpe est évidemment
charnu et bacciforme, et qui s'éloigne encore
des *Datura* par son calice en spathe, sans
angles, et à une seule languette latérale; mais
alors il faudrait modifier les caractères génériques des *Solandra*, pour y faire entrer cette
plante, qui sans cela serait disparate par la
forme ovoïde de son fruit, la disposition de
ses étamines et de son calice; ou bien il faudrait

créer un genre pour elle seule, ce qui répugne, mais qui sera cependant extrêmement rationnel si l'on vient à découvrir d'autres espèces réunissant des caractères analogues ; car, toutes les fois qu'un seul individu, ne présentant point d'ailleurs des particularités trop tranchées, se rapproche des divisions anciennement établies, il vaut mieux l'y réunir que d'en créer une coupe nouvelle qui obstrue trop souvent la science sans l'avancer utilement. Il sera d'autant plus nécessaire de créer par la suite un genre pour le *Datura ceratocaula*, qu'il se distingue évidemment des *Datura* et des *Solandra*, non seulement par les caractères de la fructification, mais encore par des différences dans le port ou la structure.

Sa tige est herbacée, cylindrique, rameuse, à divisions dichotomes ; elle est très-molle, lisse, et recouverte d'un enduit glauque. Des feuilles peu nombreuses, lancéolées, aiguës, à bords sinueux, sont dispersées sur les ramifications ; leur surface supérieure est verte et faiblement pubescente ; l'inférieure est blanche. Des fleurs solitaires d'un blanc nacré au-dedans, et lavées de violet extérieurement, naissent dans les divisions de la tige. Leur grand calice, tubuleux, cylindrique, se ter-

mine par une languette longue, unique. **La**
corolle, presque du double plus grande que
lui, est infundibuliforme, et présente un tube
cannelé profondément ; son limbe, à cinq pli-
catures, se termine par cinq lobes très-aigus.
Les étamines incluses ont des filets glabres,
droits et égaux qui supportent des anthères
ovoïdes. Ovaire conique, lisse, supporté par
un disque jaunâtre long. Style filiforme, s'épa-
nouissant en stigmate bilobé. Le fruit est une
baie ovoïde, supportée sur un pédoncule
renflé, dont le péricarpe, peu épais, pulpeux,
a la consistance de la prune. On ne remarque
point sur la surface extérieure, qui est très-
lisse, de traces de valves ; à la maturité, ce péricarpe se déchire irrégulièrement comme s'il
cédait à une distension opérée par les organes
intérieurs ; et alors les graines, réniformes,
chagrinées, arillées, de couleur noire, tombent
au pied de la plante. Les cloisons incomplètes
que nous offrent ce fruit ne sont que rudimen-
taires, et s'élèvent très-peu, de sorte qu'il est
presque régulièrement biloculaire.

D'après cette description, on voit que si
son calice cylindrique, spathiforme, terminé
par une seule languette, et son fruit pulpeux,
charnu, sans valves distinctes, éloignent cette

plante des *Datura ;* l'absence d'angles au calice, sa terminaison constante par une languette unique , la forme rectiligne des lobes dela corolle, la disposition des étamines, qui n'ont point leurs anthères saillantes ni des filets roulés , et qui sont toutes également longues, ainsi que le fruit qui est ovoïde, font différer suffisamment cette plante des *Solandra* où tous ces caractères sont opposés : considérations qui devront décider à ériger cette espèce en genre , si l'on vient dans la suite à trouver des analogues qu'on pourrait lui rallier.

ATROPA, L., *Mandragora*, T.

Calix accrescens, campanulatus, quinquedentatus aut quinquepartitus, laciniis acutis. Corolla tubuloso - campanulata ; tubo brevissimo ; limbo quinquedentato vel quinquefido , lobis æqualibus. Stamina quinque exserta, rarò inclusa; filamentis subulatis, basi sæpiùs hirsutis; antheris subcordiformibus vel ovoideis, bilocularibus, longitudinaliter dehiscentibus. Ovarium conoideum, biloculare, disco annulari impositum; stylus filiformis; stigma capitatum, bilobum. Bacca globosa, sæpè depressa, bilocularis, calice accreto basi persistente suffulta. Semina reniformia.

Frutices aut herbæ, foliis integris, sparsis aut geminatis. Flores axillares sæpè solitarii, sæpiùs violacei aut virescentes.

On a décrit environ seize espèces d'*Atropa*: trois ou quatre croissent dans l'Amérique méridionale ; les autres ont été trouvées aux Canaries et au Japon ; l'*A. belladona*, L. , est disséminé dans presque toute l'Europe. Roëmer et Schultes ont mentionné deux espèces dont la corolle est rotacée, l'*A. villosa* et l'*A. erecta ;* elles pourraient bien ne pas appartenir à ce genre , dans lequel la structure de cet organe paraît très-uniforme, et l'isole de toute sa famille par sa figure campanulée ; il se rapproche, il est vrai, des *Triguera* et des *Saracha* par cette configuration , mais on ne peut confondre le premier avec les Belladones par sa corolle irrégulière , ses étamines réunies et son fruit

drupacé ; et le second, que de nouvelles observations éloigneraient peut-être des Solanées,
se distingue des *Atropa* par sa baie qui est
uniloculaire.

La Belladone, *A. belladona*, L., Spec. 260,
Solanum furiosum, TOURN., que ses vertus
médicales font souvent employer, est une
plante vivace très-commune en France, et
qui paraît préférer les décombres et les bords
des murs. Sa tige cylindrique, velue, rameuse,
se partage en divisions dichotomes. Ses feuilles
alternes ou géminées, de forme ovale-aiguë,
sont presque entières et pubescentes. Les fleurs
ont un calice à cinq divisions profondes et
aiguës. La corolle est régulière, campaniforme,
un peu rétrécie en tube à sa base. Le limbe
présente cinq lobes égaux, obtus, peu profonds. Étamines incluses, à filets subulés,
supportant des anthères presque globuleuses.
Ovaire naissant sur un disque jaune ; stigmate
convexe, presque bilobé. Le fruit de cette
plante est une baie noire, luisante, presque
globuleuse, déprimée, biloculaire, à graines
réniformes ; elle est entourée à sa base par
le calice qui est persistant et accrescent.

M. Brandes (*Rep.* VII.) a publié une

analyse de la Belladone ; il a trouvé qu'elle était composée de :

Malate acide d'atropine.	1 51
Gomme.	8 33
Amidon.	1 25
Chlorophylle résineuse.	5 84
Ligneux.	13 07
	30 00

Matière analogue à l'osmazome.
Sels, etc.

L'*Atropine*, nouvel alcali végétal, cristallisable, qui paraît jouir des propriétés actives de la Belladone, se retire de cette plante à l'aide de certaines opérations chimiques.

MANDRAGORA, T., Juss., Gært.

Calix persistens, campanulatus, quinque partitus, laciniis lanceolatis, acutis. Corolla vix duplò longior campanulata; limbo quinque lobo, lobis subæqualibus. Stamina quinque imæ corollæ inserta; filamentis basi dilatatis et conniventibus, apice filiformibus, divaricatis; antheris ovoideis. Ovarium 2-glandulosum; stigma capitatum medio sulco subbilobum. Bacca globosa, unilocularis, receptaculis intùs prominulis, calice persistente basi suffulta. Semina reniformia in pulpâ.

Herbæ macrorhizæ; folia radicalia; flores solitarii, violacei aut cærulei.

Le genre *Mandragora* ne contient qu'une seule espèce. Anciennement établi par Tournefort, il ne fut point admis par Linné qui le comprit dans son *Atropa*. Des observations nouvelles de Gærtner et de M. De Jussieu ont engagé à revenir aux vues de notre illustre compatriote, en admettant le genre *Mandragora*, qui diffère principalement des *Atropa* par ses étamines élargies et rapprochées à leur base, et surtout par son fruit à une seule loge renfermant des graines dispersées dans la pulpe, près de sa surface ; tandis que dans les Belladones les baies sont biloculaires, et les graines se trouvent implantées sur des placenta convexes.

Le caractère différentiel du genre *Mandragora* est facile à saisir, le fruit à une loge unique empêche de pouvoir le confondre avec aucun autre de la famille des Solanées.

La Mandragore officinale, vulgairement nommée Mandragore mâle, ou femelle, célèbre dans les annales des superstitions, et employée dans la médecine par les anciens, est la *Mandragora officinalis*, Mill., l'*Atropa mandragora*, L., Spec. 259. Cette plante présente une racine épaisse, vivace, longue et fusiforme, blanchâtre en dehors, souvent simple et quelquefois bifurquée ou trifurquée, et garnie ordinairement de filamens déliés : il n'existe point de tige. Les feuilles partent immédiatement du collet de la racine, s'étalent en rosace sur la terre ; elles sont grandes, ovales, oblongues, rétrécies à leur base, et présentent des bords un peu sinueux et ondulés. Les fleurs blanchâtres ou légèrement teintes de pourpre ou de violet naissent solitairement de la racine, et sont supportées par de courts pédoncules. La corolle est campanulée, rétrécie vers sa base en forme de cône renversé, et chargée extérieurement de duvet. Il lui succède bientôt une baie sphérique de la grosseur d'une petite pomme, qui devient très-charnue et molle à l'époque de la maturité, en se colorant en jaune, et renferme des graines blanches disposées sur un seul rang. Cette plante dont toutes les parties exhalent une odeur fétide, croît naturellement dans les bois, à l'ombre et sur le bord des rivières, en Europe et dans le Levant.

NECTOUXIA, Kunth, in nov. gen. pl. Orb. Nov.

Calix quinquepartitus, regularis, laciniis linearibus, æqualibus, erectis. Corolla hypocrateriformis; tubo pentagono; limbo quinquepartito, laciniis ovatis, acutiusculis, æqualibus; fauce coronata. Corona tubulosa abbreviata, integra. Stamina quinque inclusa, æqualia; filamentis brevibus; antheris oblongis, submucronatis, longitudinaliter dehiscentibus. Ovarium ovatum, disco parvo impositum; stigma obtusum subemargininatum. Fructus baccatus?

Herba. Folia alterna, superiora geminata, integra. Pedunculi extraaxillares, solitarii, uniflori. Corolla flavida nigrescens.

On ne connaît encore qu'une seule espèce de *Nectouxia*, qui végète sur les montagnes du Mexique; ce genre, qui ressemble un peu aux *Atropa*, est surtout caractérisé par la couronne que présente l'entrée de sa corolle; il a été

formé par Kunth, et dédié à **M. Nectoux** ;
n'ayant pas vu ses fruits, il suppose qu'ils sont
bacciformes. Il a omis d'indiquer la structure
de l'ovaire, ce qui aurait pu jeter quelques
lumières sur la classification de cette plante,
qu'on pourrait bien éloigner un jour de cette
famille.

PHYSALIS, L., J.

Calix accrescens, campanulatus, quinquefidus, laciniis acutis sæpè inæqualibus. **Corolla** subinfundibuliformi-cam-
panulata; tubo brevi; limbo sæpè plicato,
quinquelobo, pentagono aut integro,
laciniis æqualibus, acutis vel obsoletis
obtusis. **Stamina** quinque; filamentis
subulatis; antheris terminalibus, ovoideis, bilocularibus, longitudinaliter
dehiscentibus. **Ovarium** ovoideum vel
globosum, biloculare; stylus filiformis;
stigma capitatum. **Bacca** cerasiformis,
globosa, glabra, bilocularis, calice urceo-
lato, inflato sæpè anguloso circumtecta.
Semina reniformia, compressa.

Plantæ herbaceæ aut suffrutices; foliis

sparsis, oppositis vel geminatis, integris aut lobatis. Flores solitarii aut conferti, interdùm nutantes, axillares aut extra-alares.

Trente-cinq espèces de *Physalis* sont répandues dans la nature. Ces plantes croissent principalement en Europe et dans les deux Amériques ; quelques-unes sont disséminées au Japon, dans l'Inde et la Nouvelle-Hollande. Leurs fleurs sont ordinairement jaunâtres, très-rarement bleues comme celles du *P. prostrata;* il leur succède des baies rouges ou jaunes, entourées d'un calice qui, par son développement, devenant renflé et vésiculeux, isole facilement ce genre très-naturel de tous ceux de sa famille, avec lesquels la forme de sa corolle empêcherait aussi de le confondre. La déhiscence longitudinale des étamines des *Physalis* ne permet plus de les rapprocher des *Solanum*, dans lesquels ils se trouvaient anciennement compris.

Le Coqueret Alkekenge, *P. alkekengi*, L., Spec. 262, regardé comme ayant quelqu'efficacité thérapeutique, et employé aussi comme aliment dans quelques contrées, est une petite plante qui s'élève environ à un pied. De sa tige herbacée, peu rameuse, jaillissent des feuilles géminées, ovales, aiguës, sinueuses sur les bords, et supportées par de longs pétioles. Les fleurs ont un calice urcéolé, accrescent. Leur corolle rotacée offre un tube court, s'évasant en un limbe à cinq divisions anguleuses, colorées en jaune pâle; ses étamines sont conniventes. L'ovaire est ovoïde, glabre. Le fruit de l'Alkekenge se présente sous la forme d'une petite baie rouge-orangé, de la grosseur d'une cerise, se trouvant enveloppée par le calice qui s'accroît considérablement, devient vésiculeux, et se peint, à la maturité, d'une couleur d'un rouge brillant.

Le Coqueret somnifère, ou *P. somnifera*, Lin., mérite aussi d'être mentionné, non seulement à cause de sa vertu narcotique, mais aussi parce que ses fruits sont puissamment diurétiques. C'est une plante qui vient ordinairement à un pied de haut. Ses tiges sont ligneuses, divisées en rameaux droits, feuillés, cotonneux, et d'un blanc grisâtre ; ses feuilles sont irrégulièrement alternes, pétiolées, ovales ou lancéolées, entières, molles et pubescentes, principalement dans leur jeunesse. De petites fleurs d'un jaune pâle, ramassées par groupes de trois à cinq dans l'aisselle des feuilles, forment tout l'ornement de cette plante. Les calices sont vésiculeux, anguleux, garnis de duvet, à cinq lobes ; ils se développent pour former une coque d'un vert jaunâtre ou rougeâtre autour du fruit. La corolle est campanulée, plissée à cinq lobes arrondis.

Cette plante vient abondamment dans le Levant et dans l'Europe australe.

SOLANUM, T., Dun.

Calix 4-ad 15-dentatus lobatusve, persistens, sæpè accrescens. Corolla rotata ; tubo brevi ; limbo magno, plicato, 5-angulato, interdùm 4-6-lobato, patente. Stamina 5, aliquandò 4-6 ; filamentis subulatis, brevibus, interdùm inæqualibus ; antheris oblongis, bilocularibus, sæpiùs æqualibus, approximato-coadnatis, apice poris duobus dehiscentibus. Ovarium subrotundum ; stylus filiformis ; stigma obtusum, subsimplex aut 2-3-4-fidus. Bacca subrotunda, ovata, oblonga, 2-3-4-locularis. Semina plurima, ovata, sæpiùs compressa, pulpà molli diaphanâ obtecta.

Caulis herbaceus, frutescens aut arboreus, inermis aut aculeatus, rarò spinosus; foliis simplicibus, integris aut lobatis, aliquandò decompositis. Flores solitarii aut corymbosi, extraaxillares.

Le nombre des *Solanum* est élevé aujourd'hui à trois cent vingt espèces par M. Dunal (Hist. nat. des Solanum) : presque tous sont originaires des climats chauds des deux Continens, et surtout de l'Amérique équinoxiale. Cet auteur a embrassé dans ce genre toutes les plantes comprises sous le nom d'*Aquartia*, par Jacquin, quoiqu'elles n'aient que quatre segmens au calice et à la corolle, et seulement quatre étamines. Il a été conduit à ce rapprochement en considérant que certains *Solanum* présentent quelquefois cette anomalie dans les premières fleurs qui éclosent, comme on le voit dans les *S. bonariense*, **L.**, *vespertilio*, etc.

La déhiscence des anthères des *Solanum*, qui s'effectue par deux pores placés à leur sommet, est un caractère particulier à ce genre. Ces plantes n'offrent d'analogie avec les autres groupes que par leur corolle rotacée, qu'on retrouve dans les *Lycopersicum*, les *Physalis* et les *Capsicum;* mais, outre la structure de leurs étamines, ceux-ci présentent encore pour se distinguer, dans le premier genre, des organes de fructification plus nombreux, des étamines monadelphes et des graines velues; dans le second, un calice devenant urcéolé et gonflé d'air; et enfin, dans le dernier, des baies sèches et de forme très-irrégulière.

Les fleurs des *Solanum* s'offrent à nos yeux sous toutes les couleurs, excepté cependant le rouge. Une seule espèce, le *S. esculentum*, D., s'éloigne un peu de l'uniformité de caractère que l'on remarque dans toutes ces plantes; elle présente dans ses organes floraux une multiplicité qu'elle doit peut-être à la culture; son calice, sa corolle offrent de six à neuf lobes, on y trouve le même nombre d'étamines, trois à quatre stigmates supportés par un style sillonné qui semble indiquer les traces de la soudure de plusieurs fleurs; le fruit est à quatre ou cinq loges. Dans toutes les espèces, le nombre des étamines est constamment égal à celui des divisions du calice et de la corolle, et les anthères sont toujours libres, excepté dans le seul *S. dulcamara*, L. , sur lequel on les trouve soudées faiblement ensemble.

Les fruits offrent des dimensions et des figures variées ; ordinairement globuleux ou ovoïdes, ils sont quelquefois cylindriques ou toruleux. Ces baies, le plus souvent à deux loges, en offrent par fois trois ou quatre, qui semblent dues à l'accroissement de cloisons supplémentaires développées sur les deux placenta primitifs. Les graines, communément très-nombreuses, sont environnées d'une pulpe qui, à l'état de simple membrane dans son jeune âge, se remplit par la suite, dans certaines espèces, de sucs colorés très-abondans, tandis que dans d'autres elle reste très-mince et presque imperceptible.

La plus utile des Solanées, la Morelle tubéreuse, *S. tuberosum*, L. , Spec. 265, appartient à ce genre ; la racine de cette plante, vulgairement nommée Pomme de terre, est vivace et rampante ; elle offre de gros tubercules charnus, de formes assez variées. La tige acquiert un à deux pieds d'élévation : elle est herbacée, plus ou moins rameuse, et marquée d'angles qui la rendent un peu ailée ; sa surface est presque glabre. Les feuilles, insérées alternativement sur les ramifications, sont alternati-pennées ; leurs folioles, ovales, cordiformes, pubescentes, inéquilatérales, ont des bords entiers et légèrement sinueux. Les fleurs, tantôt violacées, tantôt rose-pâle ou blanchâtres, sont disposées en grappes peu nombreuses, qui se trouvent situées à l'opposé des feuilles, ou terminent la tige ; leur calice est campanulé, velu, à cinq divisions peu profondes et aiguës ; il supporte des corolles rotacées, à cinq lobes planes, anguleux, plissés, plus épais au milieu ; au centre, se trouvent cinq étamines à filamens courts, égaux, dont les anthères sont rapprochées, renflées inférieurement, et forment un cône tronqué par leur ensemble. Ovaire conique, glabre, biloculaire ; style plus long que les étamines, et se terminant par un stigmate glanduleux, capité, bilobé. Le fruit s'offre sous la forme d'une baie sphérique, biloculaire, de couleur noirâtre à l'époque de sa maturité parfaite, et contient des semences attachées sur deux placenta saillans qui naissent au milieu de la cloison.

Cette plante est originaire du Pérou ; elle en fut apportée à l'ancien Continent où elle se trouve aujourd'hui généralement cultivée.

Les racines de la Morelle tubéreuse, connues

à la fois sous les noms de Pomme de terre, de Parmentière, de Patate, etc., sont ovoïdes ou sphériques, ordinairement de la grosseur d'un œuf, mais acquérant, par un sol et une culture favorables, de bien plus volumineuses dimensions. La coloration de leur pellicule externe est blanche, violette, ou d'un beau rouge; mais le parenchyme intérieur est toujours d'un blanc jaunâtre, et composé d'une substance charnue, serrée et solide, dont la saveur est analogue à celle des graminées. M. Vauquelin, dont les travaux sur la chimie organique sont si remarquables, n'a point fait attendre l'analyse de la plante dont nous faisons l'histoire, et il a signalé dans les tubercules de la Pomme de terre les principes mentionnés dans ce tableau:

Eau.
Amidon.
Parenchyme.
Albumine.
Asparagine.
Résine amère, cristalline et aromatique.
Matière animalisée particulière colorée.

Citrate
  { de potasse.
  { de chaux.

Phosphate
  { de potasse.
  { de chaux.

Acide citrique libre.

(*Journ. de Phys.*, 1817.)

On retire de ces tubercules une fécule alimentaire, abondante, qui contient du sucre et de
l'alcohol, et dont l'emploi aurait enlevé au
froment la première place parmi les plantes
utiles à l'homme, si elle eût contenu du gluten.
Cette fécule s'y trouve sous la forme d'une
poudre blanche éclatante, ayant l'apparence
cristalline; elle est rude au toucher, et, observée
au microscope, elle ressemble à de belles perles
de nacre affectant des formes variées, et paraissant ovoïdes, triangulaires ou sphériques, gib-
beuses, dont le diamètre varie de 1/8 à 1/200
de millimètre. Cette substance, insoluble dans
l'eau froide et soluble dans l'eau chaude, est
inodore et insipide.

L'analyse a démontré à **M. Berzélius** qu'elle
était composée de :

Hydrogène.	7	066
Carbone.	43	481
Oxigène.	49	453

Traitée par l'eau et l'acide sulfurique, on en
obtient un sirop abondant que l'on n'a pu
encore faire cristalliser.

Enfin la précieuse fécule de ce végétal nous
fournit encore une quantité considérable d'alcohol, et déjà le commerce en tire un si grand
parti, que **M. Robiquet** publiait, en Août 1821,

que les fabriques des environs de Paris pro-
duisaient par jour dix mille litres d'alcohol de
de fécule de Pomme de terre rectifié.

La Morelle de montagne, *S. montanum*, L.,
Lam., est une petite plante herbacée qui ne
s'élève à peu près qu'à trois pouces de hauteur.
Ses racines sont des tubercules charnus,
ovoïdes, d'un pouce de longueur environ,
garnis à leur partie inférieure de nombreuses
fibres chevelues, blanches, et paraissant recou-
verts d'une pellicule grisâtre et fort mince.
La tige supporte seulement trois ou quatre
feuilles alternes, cordiformes, entières, à bords
légèrement sinueux, et portées sur de longs
pétioles ; de leur aisselle il naît de petites
branches qui se ramifient ainsi que la tige
principale. Chaque bifurcation se termine par
une fleur solitaire dont la corolle campanulée,
à cinq lobes peu profonds, est d'une belle couleur rose.

Cette plante croît abondamment au Pérou
sur le revers des montagnes.

La Morelle mélongène, *S. melongena*, L.,
S. esculentum, Dun., vulgairement nommée
Aubergine, présente une racine annuelle d'où

naît une tige herbacée, rameuse, haute d'un pied et plus, cylindrique, et légèrement pulvérulente, offrant des aiguillons simples, courts, disposés çà et là à sa surface ; elle supporte des feuilles alternes, pétiolées, de forme ovale, aiguës, sinueuses sur les bords, et pubescentes, se terminant en pétioles épineux inférieurement. Les fleurs sont très-grandes ; elles se trouvent souvent anomales, et semblent avoir un certain nombre de parties surajoutées ; leur pédoncule est épineux et pulvérulent, ainsi que le calice qui se divise en six ou huit segmens linéaires et acérés. La corolle est rotacée, à six ou neuf divisions plissées et aiguës. Les étamines sont également au nombre de six à huit, et le style se termine en trois ou quatre stigmates. Les fruits sont des baies pendantes, alongées, ovoïdes, très-grosses, à quatre ou cinq loges ; elles sont lisses et luisantes, et leur coloration est blanche, violette ou quelquefois jaune ; la chair est toujours blanche, et renferme des semences réniformes. Ce *Solanum* nous vient d'Amérique, et il est abondamment cultivé dans le midi de la France.

Le *S. ovigerum*, MILL., LIN., dont nous avons signalé le danger, ressemble beaucoup au *S. esculentum*, Lin. ; mais il s'en distingue cependant à ses tiges, qui sont entièrement nues, ou seulement pourvues d'aiguillons très-fins, presque droits. Les feuilles sont plus tomenteuses, blanchâtres, et dépouillées d'aiguillons. Les calices et les pédoncules qui les soutiennent sont aussi presque entièrement dépourvus de ces appendices. Cette plante présente des baies ovales, alongées, qui la rendent facile à distinguer de la Morelle mélongène, par une pulpe abondante qui enveloppe les semences, et que l'on ne retrouve point dans cette espèce qui lui ressemble sous beaucoup de rapports.

La Morelle Douce-amère, *S. dulcamara*, L., Spec. 264, moins essentielle que les précédentes, est cependant encore assez fréquemment employée dans l'art de guérir. C'est un sous-arbrisseau sarmenteux, commun dans toute la France. La tige, qui acquiert plusieurs pieds de longueur, est ligneuse à sa base, herbacée et tendre au sommet ; elle est cylindrique et pubescente. Les feuilles alternes qu'elle supporte sont pétiolées et profondément trilobées, comme hastées ; le lobe moyen étant bien plus grand que les latéraux : elles sont très-irrégulièrement configurées, et quelquefois quinquelobées. Ses grappes de fleurs violettes sont implantées sur les rameaux à l'opposé des feuilles ; leur calice coloré en violet est très-petit, à cinq dents arrondies. La corolle est rotacée, à cinq divisions aiguës, étroites, marquées à leur naissance de deux taches vertes, glandulaires. Les étamines sont soudées par leurs anthères, et forment un cône creux au centre de la fleur. Le fruit est une baie ovoïde, d'un beau rouge, contenant des graines : il est supporté par le calice persistant.

C'est principalement dans les haies et le long des vieux murs, que se plaît cette plante dont les fleurs paraissent en été.

La Morelle noire, *S. nigrum*, Lin., Spec. 266, est la plus commune des plantes de ce genre ; sa tige, d'un pied environ de haut, est herbacée, rameuse et pubescente, ainsi que les feuilles qui sont solitaires ou géminées, molles, triangulaires, pointues, à bords dentés ou irrégulièrement anguleux. Les fleurs sont pendantes, groupées presqu'en corymbe. La corolle, de couleur blanche, est rotacée, à cinq divisions aiguës, rabattues en dehors. Les étamines, au nombre de cinq, sont rapprochées. Le fruit est une baie noire, sphérique, luisante, marquée d'un point au sommet.

Cette morelle se plaît dans les haies et sur le bord des chemins.

La Morelle velue, *S. villosum*, Lam., que Linné pensait être une variété du *Solanum nigrum*, se distingue de cette espèce par les poils qui se trouvent sur sa tige, et sous les pédoncules et les nervures de ses feuilles ; celles-ci sont anguleuses et dentelées sur leurs bords. Enfin les fruits caractérisent aussi cette espèce : au lieu d'être noirs comme ceux de la plante précédente, à la maturité, ils sont d'une couleur jaune ou un peu rougeâtre.

Elle croît sur les bords des chemins, et fleurit en été.

La Morelle cultivée, *S. oleraceum*, Lin., est une espèce qui se rapproche, pour le facies, de la Morelle noire. Des notes renfermées dans l'herbier de M. Richard annoncent que cette plante est cultivée à la Guiane et dans les Antilles, et que les naturels de ces pays mangent sa partie herbacée, qui passe pour un aliment recherché. Cette petite plante a une tige herbacée, faiblement anguleuse et dentée, qui se divise en rameaux pubescens dans sa partie supérieure. Les feuilles en sont ovales, oblongues, dentées, presque glabres. Fleurs blanches, disposées en ombelle, et précédant de petits fruits globuleux. Cette espèce a été très-bien figurée par Piron, lib. 4, cap. 5o, fig. 3.

LYCOPERSICUM, T., Dun.

Calix persistens, quinque aut sexpartitus, laciniis linearilanceolatis. Corolla rotata; tubo brevissimo; limbo stellato, quinque vel sexpartito, laciniis acutis, patentibus, plicatis, apice incurvatis. Stamina quinque sexve, monadelpha; tubo filamentorum brevissimo; antheris oblongis, congregatis, membranâ elongatâ apice superatis, intùs longitudinaliter dehiscentibus. Ovarium globosum, bi-triloculare; stylus filiformis; stigma parvulum, subcapitatum. Bacca globosa aut torulosa, apice punctata, bi-trilocularis. Semina plurima in pulpâ, compressa, pilosiuscula.

Herbæ inermes, procumbentes, foliis

decompositis , impari-pinnatis , foliolis inæqualibus. Flores lutei, subcorymbosi, extraaxillares.

Tournefort établit le premier le groupe des *Lycopersicum*, mais Linné et De Jussieu, bientôt après, confondirent ces plantes avec les *Solanum*. Adanson avait respecté le genre *Lycopersicum*, et MM. Dunal et Kunth l'ont admis tout récemment, en en faisant ressortir les caractères. En effet, si l'aspect général de sa fleur et la structure de ses fruits ont pu le rapprocher des *Solanum*, il en est bien distinct par le plus grand nombre de lobes de son calice et de sa corolle ; par ses étamines monadelphes , plus nombreuses et à anthères longitudinalement déhiscentes , et surmontées d'une couronne membraneuse : enfin par un fruit plus compliqué , et renfermant des semences velues. Les étamines monadelphes des *Nierembergia* ne pourraient pas rapprocher ce genre des *Lycopersicum*, car toute analogie est rompue quand on considère les corolles infundibuliformes et les fruits capsulaires du premier. Ce genre contient neuf espèces qui croissent dans l'Amérique méridionale, ou dont le lieu natal est inconnu.

La Tomate, aliment recherché pour nos tables, est le fruit du *L. esculentum*, Dun., *Solanum lycopersicum*, L. C'est une plante montant à environ deux pieds de hauteur et qui présente une tige herbacée, charnue, cylindrique, rameuse, et couverte de poils simples et raides. Les feuilles sont alternes, composées, interrupté - pennées avec impaire ; leurs grandes folioles se trouvent supportées sur de courts pétioles et elles sont irrégulières, lobées et incisées, à peu près cordiformes ou ovales-aiguës, glabres supérieurement et pubescentes en-dessous. Des fleurs jaunes, rassemblées en grappes, naissent des aisselles, ou sont irrégulièrement dispersées sur la tige et soutenues par des pédoncules garnis de poils longs. Ce *Lycopersicum* présente toujours une fleur anomale, plus ou moins compliquée, et qui paraît évidemment due à la soudure latérale de plusieurs fleurs ensemble. Le calice offre six à huit divisions aiguës, étroites, linéaires, profondément séparées et velues. La corolle est rotacée subcampanulée, son tube très - court s'étale en limbe à six ou

huit divisions profondes, aiguës à leur extrémité, qui, en se recourbant en dedans,
forment une espèce de crochet. L'appareil
mâle est composé de six à huit étamines à
filets très-courts, à anthères alongées, lancéolées, très-aiguës, soudées latéralement et
formant une pointe à leur sommet. Ovaire
sessile, ovoïde, à plusieurs sillons extérieurs,
ordinairement triloculaire, et devenant à la
maturité une baie très-succulente et charnue,
irrégulièrement lobée et d'un beau rouge-
orangé.

Cette plante, actuellement cultivée dans
tous les jardins potagers, est originaire du
Brésil.

Le *L. cerasiforme*, D., est une plante employée dans certains pays. Sa tige d'un pied
et demi de haut environ, cylindrique, verte,
herbacée, rameuse, est couverte de poils rares
et courts; ses feuilles sont composées, inter-
rupté-pennées avec impaire, à grandes folioles
pétiolées, ovales, aiguës, irrégulièrement incisées ou lobées, et dont le limbe est légèrement
pubescent; les petites sont ovales ou cordées.
Fleurs jaunes, disposées en grappes extraaxillaires, naissant à divers endroits de la tige

par un long pédoncule qui se divise en six
ou huit pédicelles. Calice velu extérieurement,
à cinq divisions aiguës, linéaires, divergentes,
accrescentes. Il supporte une corolle hypo-
gyne rotacée, à tube court, à cinq divisions
plissées, aiguës, ouvertes, comme stellées,
dont l'extrémité est un peu recourbée en
crochet. De son fond naissent cinq étamines
à filets très-courts, réunis par une membrane;
anthères alongées en pointe, soudées en cône,
s'ouvrant longitudinalement à l'intérieur, et
surmontées d'une membrane entourant le
stigmate. Ovaire sessile, glabre, sphéroïde,
triloculaire, ovules nombreuses; style filiforme plus long que les étamines; stigmate
peu saillant. Fruit charnu, succulent.

WITHERINGIA, L'Hérit., Sert. angl. 1, p. 33.

Calix parvus, persistens, suburceo-
latus, 4-5-dentatus. Corolla rotata, subcampanulata; tubo brevi, suburceolato,
nunc obtusè tetragono, 4-gibboso, nunc
subcylindrico; limbo patulo, 4-5-diviso,

laciniis lanceolatis, acutis. Stamina 4-5, suprà tubum inserta ; filamentis nunc glabris, nunc villosis, appendiculatis ; antheris ovatis, bilocularibus, lateraliter dehiscentibus. Stigma capitatum. Bacca bilocularis. Semina numerosa.

Habitus Solanorum. Plantæ herbaceæ aut fruticosæ, foliis alternis, integris vel subsinuatis, pilosis. Flores solitarii aggregative.

L'Héritier a consacré le genre *Witheringia* à la mémoire de W. Withering, botaniste anglais. On y comprend aujourd'hui onze espèces récemment décrites par M. Dunal ; toutes naissent dans l'Amérique méridionale, une seule au Cap de Bonne-Espérance. Ces plantes, par les caractères de la végétation, ressemblent aux *Solanum* ; mais les différences sont tranchées dans les organes de la fructification, surtout dans les étamines, qui ne s'ouvrent pas par deux pores comme celles de ces dernières, mais sont déhiscentes latéralement par une fente longitudinale ; quelques différences se remarquent aussi au tube de la corolle, quelquefois urcéolé, ou gibbeux et tétragone, dans les *Witheringia*.

CAPSICUM, T., L.

Calix persistens, brevis, subcampanulatus, quinque rariùs decemdentatus, striatus. Corolla campanulato-rotata ; tubo brevissimo ; limbo quinquepartito, lobis æqualibus, lanceolato-acutis, antè æstivationem valvatis. Stamina quinque æqualia ; filamentis brevibus, basi corollæ insertis ; antheris introrsis, oblongis, bilocularibus, longitudinaliter dehiscentibus. Ovarium globosum aut conicum, bi-triloculare, disco annulari impositum ; stylus brevis ; stigma obtusum, subbilobum. Baccæ exsuccæ et inflatæ, polymorphæ, ovoideæ, conicæ aut sphericæ, glabræ, sub bi-triloculares, dissepimentis supernè nullis, loculis polyspermis. Semina reniformia, compressa, numerosa.

Herbæ aut suffrutices, foliis geminatis sparsisve. Flores solitarii, extraalares aut alares.

Les naturalistes ont mentionné environ vingt espèces de *Capsicum;* presque toutes, très-anciennement connues, sont originaires des Indes orientales, et les autres croissent dans l'Amérique équinoxiale. Ce genre est tellement naturel, que les réformateurs les plus subtils n'ont pu le démembrer, et la couleur constamment blanche de ses fleurs s'accorde même avec l'harmonie de ses formes. Mais ses beaux fruits présentent une structure aussi variée que leurs couleurs sont inconstantes ; tantôt d'un rouge de corail ou d'un jaune clair, quelquefois on les voit teints en violet ou d'un beau noir luisant. Cependant, la forme des calices, des corolles, et, en général, le port des Pimens, les rapprochent un peu de certains *Solanum;* mais l'analogie s'évanouit bientôt, quand on considère la déhiscence longitudinale des anthères des premiers, et les formes variées de leurs baies gonflées d'air.

Les fruits de ces plantes ne sont pas strictement bi ou triloculaires, car leurs cloisons, qui sont peu élevées, manquent au-dessus du placentaire, et il se trouve là une grande communication entre les loges, qui pourrait faire considérer ces fruits comme étant simplement uniloculaires. Cette disposition, que je ne sache pas qu'on ait mentionnée, se retrouve également dans les *Lycium*, mais y est moins apparente à cause de la petitesse des organes.

Peut-être aussi la retrouve-t-on dans plusieurs autres genres de cette famille si naturelle des Solanées, et cette structure, qui transforme les fruits des *Capsicum* et des Lyciets en baies strictement uniloculaires , existe-t-elle dans les genres *Belladona*, *Physalis*, *Cestrum*, etc.? Mais nous n'avons pu vérifier ce fait : nos observations ayant été tardivement exécutées, les fruits de ces différentes plantes étaient alors parvenus à leur entière maturité, et la pulpe molle qui les constitue, en se trouvant confondue avec les semences, ne permettait plus de distinguer la disposition des loges du péricarpe. Nous nous promettons dans la suite de continuer ces observations sur le fruit des Solanées, dont la structure paraît avoir échappé quelquefois à l'attention des observateurs, et qui nous présente un si grand intérêt dans la disposition variée qu'elle offre. Ces nouvelles considérations sur son organisation dans les *Capsicum* et les Lyciets, doivent faire changer la description de ces deux genres, et modifier les caractères généraux de la famille dont nous faisons l histoire, et dans laquelle on croyait anciennement que toutes les baies étaient biloculaires. En poursuivant ces vues, des observations ultérieures nous empêcheront peut-être de séparer les *Belladones* des *Mandragores*, en nous dévoilant que leurs fruits sont exactement identiques.

Le Piment annuel, *C. annuum*, L., LAM., Ill., n°. 2388, est une plante à racines fibreuses et grisâtres, d'où s'élève une tige herbacée à peine haute d'un pied, cylindrique, rameuse, faiblement striée, quelquefois un peu pubescente, garnie de feuilles alternes, simples, longuement pétiolées et entières, de forme ovale, très-aiguës, et réunies souvent deux à deux à chaque insertion. Les fleurs sont disposées solitairement dans les aisselles, et supportées sur des pédoncules longs, accrescens, et plus ou moins recourbés. Le calice est accrescent, petit, à cinq dents. La corolle, colorée en blanc jaunâtre, est rotacée, à cinq lobes aigus au sommet, larges à leur base, et comme stellés. Les filets des étamines sont courts; les anthères deviennent bleuâtres par la dessiccation. Une baie sèche, dont la superficie est très-lisse et colorée en rouge vif ou en jaune, constitue le fruit. Cette baie, dont les parois sont peu épaisses, coriaces, et qui contient des semences aplaties et une certaine quantité d'air, offre deux ou trois loges incomplètes, communiquant plus ou moins largement entre elles dans leur région supérieure. Mais ce qui doit surtout fixer l'attention, ce sont les nombreuses variétés de forme que ces fruits peuvent présenter ; tantôt ils sont coniques, alongés ou ovoïdes, d'autres fois ils affectent la forme sphérique, renflée, ou bien encore ils sont échancrés à leur sommet : réunion d'anomalies qui a égaré certains botanistes, qui érigent en espèces les différentes variétés de cette même plante.

Le Piment croît spontanément dans l'Inde, d'où il paraît qu'il a été transporté en Amérique et en Europe.

LYCIUM, L. *Jasminoides*, T.

Calix persistens, tubuloso-campanulatus, tubo cylindrico, limbo bi-tri-rarò quinquefido aut quinquedentato, dentibus inæqualibus. Corolla tubulosa sæpè hypocrateriformis ; tubo cylindrico ;

limbo quinquelobo , lobis plerumquè ovatis. Stamina quinque inæqualia , sæpiùs exserta ; filamentis filiformibus, basi hirsutis rariùs glabris ; antheris oblongis longitudinaliter dehiscentibus. Ovarium globosum , biloculare ; stigma depressum , peltatum , medio sulco sub-bilobum. Bacca globosa , oblonga aut ovoidea , bilocularis , calice persistente suffulta. Semina crebra , reniformia , compressa.

Arbores aut frutices sæpè spinosa , foliis plerumquè lanceolatis , integris interdùm fasciculatis. Flores axillares, solitarii, geminati aut umbellati, rariùs corymbosi.

Ce groupe, érigé en genre par Linné, faisait partie des Jasminoïdes de Tournefort ; ce nom indiquait la ressemblance des fleurs avec celles des Jasmins, dont elles rappellent assez fidèlement l'aspect. Les botanistes ont décrit à peu près vingt-quatre espèces de *Lycium*. Il est probable qu'on devrait en éloigner le *L. capsulare*, mentionné par Roëmer et Schultes, que sa corolle rotacée et son fruit capsulaire semblent exclure bien manifestement de ce genre.

Toutes ces plantes, dont les fleurs ordinairement teintes de couleurs empourprées ou violettes, qui précèdent des baies pendantes, d'un beau rouge-orangé ou d'un bleu-noirâtre, sont répandues à la fois dans les deux mondes, et se trouvent en même tems au Pérou et à la Chine, vers le Cap de Bonne-Espérance et dans la Sibérie. La Barbarie et le bassin de la Méditerranée en produisent diverses espèces.

La corolle tubuleuse des *Lycium*, leurs étamines saillantes, à base un peu villeuse et sans gibbosité, et leur calice quelquefois bilabié, doivent suffire pour isoler ces plantes des espèces du genre *Cestrum*, auquel elles étaient réunies sous le nom de Jasminoïdes, par Tournefort.

La communication supérieure des loges, par l'absence de la cloison, est bien moins apparente dans ce genre que dans les *Capsicum*, mais n'en existe pas moins.

Deux espèces de Lyciets se trouvent en France, le Lyciet d'Europe et le Lyciet de Barbarie, encore ce dernier ne paraît pas indigène de notre pays, et quoiqu'on le trouve à l'état sauvage dans plusieurs régions de la France, il est probable qu'il s'y est seulement naturalisé, et qu'il est originaire d'Asie.

Le *Lycium europæum*, L., LAM., Dict. 3, p. 510, est un arbrisseau qui s'élève à six ou huit pieds ; sa tige est droite, très-branchue, garnie d'épines robustes qui la rendent fort piquante. Les rameaux, qui ne sont point pendans comme dans l'espèce suivante, sont cylindriques, déliés, flexibles, chargés de feuilles lanceolées, rétrécies vers leur base, un peu obtuses à leur sommet, presque charnues, succulentes et glabres, d'une couleur cendrée ou vert-blanchâtre ; elles naissent solitairement et alternativement sur les jeunes pousses, tandis que sur le vieux bois elles se réunissent par paquets de trois à quatre à chaque insertion. Fleurs latérales blanchâtres ou légèrement purpurines, pédiculées. Le calice est très-court, à cinq dents. La corolle tubulée offre un limbe à cinq divisions ovales. Etamines à filamens velus à leur base. Le fruit forme une baie ovoïde ou sphérique, de couleur rouge ou jaunâtre. Cet arbrisseau croît naturellement en Espagne, en Italie et dans les provinces méridionales de la France.

Le *L. barbareum*, Lin., Spec. 182, est un arbrisseau de six pieds et plus, qui porte une tige dont les rameaux blanchâtres sont pendans, plus longs que dans l'espèce précédente, et munis d'épines courtes, faibles et axillaires. Les feuilles sont alternes, solitaires, lancéolées, bien plus étroites que dans le *L. europœum*, pointues, glabres, molles, rétrécies à leur base, et acquérant jusqu'à trois pouces de longueur. L'inflorescence varie singulièrement: tantôt elle se compose de fleurs solitaires, d'autres fois celles-ci sont fasciculées. Le calice fait aussi facilement distinguer cette plante, il est glabre, bilabié. La corolle est tubulée. Les étamines sont saillantes. Une baie ovale-oblongue, d'un rouge vif, constitue le fruit de ce Lyciet, que nous avons rencontré abondamment dans les environs de Paris, où il croît spontanément, et c'est lui qui, sous le nom de Jasminoïde, est cultivé dans un grand nombre de jardins, où il forme des haies du plus agréable aspect, ou bien sert à confectionner des tonnelles.

CESTRUM, L. *Jasminoides*, T.

Calix brevis, tubuloso-campanulatus,

quinquedentatus , subprismaticus. Corolla tubuloso - infundibuliformis , basi
gracilis, supernè sensim ampliata ; limbo
quinquepartito , laciniis æqualibus, patentibus, sæpiùs antè æstivationem valvatis, marginibus introflexis. Stamina
quinque inclusa , mediam corollam
versùs inserta ; filamentis filiformibus ,
basi gibbosis , glabris ; antheris terminalibus, subglobosis , introrsis , sulco longitudinali dehiscentibus. Ovarium subglo-
bosum , biloculare , disco annulari impositum ; stylus gracilis ; stigma depressum ,
orbiculatum , subpeltatum , sulco medio
subbilobum. Bacca ovoidea , bilocularis ,
seminibus reniformibus.

Frutices inermes ; foliis alternis ,
lanceolatis , integris ; floribus parvis ,
thyrsoideis.

On connaît trente - deux ou trente - quatre
espèces de *Cestrum :* toutes sont des arbrisseaux
exotiques, dispersés dans les diverses régions
de l'Amérique et au Cap de Bonne-Espérance.
Linné , qui avait séparé ce genre des *Jasmi-*

noïdes de Tournefort, et, depuis, le botaniste Gœrtner, s'étaient trompés en décrivant son fruit comme uniloculaire, car il est évidemment à deux loges.

Les *Cestrum* n'ont guère d'affinité qu'avec les Lyciets ; mais il y a de grandes différences dans les caractères de la végétation et de la fructification, pour favoriser l'isolement de ces végétaux ; en effet, les Lyciets sont des arbrisseaux sarmenteux, dont les tiges flexueuses sont hérissées d'épines, et leurs corolles hypocratériformes, munies d'étamines à filets droits et villeux ; tandis que les *Cestrum* sont entièrement désarmés, et offrent des corolles renflées à la gorge et portant des étamines dont les filets sont gibbeux et dépouillés de poils à leur base.

DUNALIA, Kunth, Nov. gen. pl. Orb. Nov.

Calix urceolatus, quinquedentatus, dentibus acutis, æqualibus. Corolla infundibuliformis ; tubo elongato, subcylindraceo ; limbo quinquefido, plicato, laciniis ovatis, acutis, æqualibus. Stamina quinque inclusa. Filamenta tripartita, laciniis capillaceis, intermedia vix longiore antherifera. Antheræ oblongæ, biloculares, longitudinaliter dehiscentes. Ovarium ovatum, disco parvo impositum; stylus exsertus; stigma capitatum, emarginatum. Bacca globosa, bilocularis, calice persistente suffulta; placentis septo adnatis. Semina crebra, lenticularia.

Frutex alternifolius; folia integra; umbellæ extraaxillares, sessiles. Corollæ albidæ.

On ne connaît encore qu'une seule espèce de *Dunalia*, recueillie par MM. Humboldt et Bonpland, dans les lieux ombragés de la Nouvelle-Grenade. Le port de cette plante se rapproche des *Witheringia*, et ses fleurs ont quelque ressemblance avec les *Cestrum;* mais ce genre, créé par Kunth en mémoire de M. Félix Dunal, en est très-facilement distingué par les filets qui sont interposés entre ses étamines.

GENERA SOLANEIS AFFINIA,

SED PLURIBUS CHARACTERIBUS DIVERSA.

DUBOISIA, Brown.

Calix bilabiatus, brevis. Corolla infundibuliformi-campanulata ; limbo quinquepartito , subæquali. Stamina imæ corollæ inserta , inclusa , didynama , rudimento 5-ti. Stigma capitato-emarginatum. Bacca bilocularis, polysperma. Semina subreniformia.

Arbuscula glabra facie *myopori*. Folia alterna, cum ramulo articulata, integra. Paniculæ axillares , bracteis caducis. Flores albi tubo intùs striato. Bacca parva, ovalis , nigra. (Brown , Prod. Fl. Nov. Holl.)

Il n'existe qu'une seule espèce de *Duboisia* naturelle à la Nouvelle-Hollande ; elle a été nommée *D. myoporoides* par R. Brown, qui a institué ce genre. Il nous semble que cette plante devrait être placée parmi les Solanées,

par la structure de sa corolle, ses quatre étamines didynames avec les rudimens d'une
cinquième, et aussi par son fruit bacciforme
et biloculaire ; et nous ne l'admettons seulement au nombre des genres douteux, que
d'après l'autorité de Brown, auquel nous avons
emprunté sa description.

DIPLANTHERA, Banks et Solander.

Calix trifidus, laciniâ intregrâ, late-
ralibus, bifidis. Corolla bilabiata fauce
compressa ; labio superiore obcordato ;
inferiore tripartito, lobis subrotundis.
Stamina quatuor, imæ corollæ inserta,
exserta, subæqualia, ascendentia ; antheræ loculis distinctis, divergentibus,
æstivatione justa latera filamentorum
reflexis. Ovarium biloculare, polysper-
mum ; placentis 2, adnatis, in singulo
loculo. Stylus situ staminum, stigma
bilamellatum. Pericarpium.....
Arbor mediocris, comâ irregulari,
diffusâ. Rami teretes, tomentosi. Folia
quaterna, petiolata, magna, integra, basi

pressa ; pedunculis partialibus verticil-
latis : pedicellis trichotomis. Flores spe-
ciosi. Calix semi-coloratus. Corolla flava.
(BROWN , Prod. Fl. Nov. Holl.)

La *Diplanthera tetraphylla*, de la Nouvelle-
Hollande , est la seule plante de ce genre.
R. Brown ne la classe qu'avec doute parmi les
Solanées ; le fruit , qui n'a pas pu être observé ,
l'aurait peut-être fait ranger dans les Personées , dont les caractères se confondent par
des transitions insensibles avec cette famille ,
et qui sembleraient la réclamer par la forme
de sa corolle , le nombre de ses étamines et
l'arrangement de ses feuilles. Mais ne pouvant
rien décider à cet égard , n'ayant pas vu la
plante, nous en avons seulement retracé les
caractères d'après Brown.

BONTIA , Pl. , L.

Calix parvus, 5-fidus, persistens. Corolla multò longior tubulosa ; limbo 2-la-
biato, suprà erecto emarginato, infrà
revoluto, hirsuto, semi 5-fido. Stamina
4-didynama. Stylus 1. Stigma 2-lobum.

(180)

Bacca olivæformis acuminata, intùs sub-
erosa, 2-locularis, loculis dissepimento
elevato 2-partitis, singulo semi-loculo
1-2-spermo.

Arbuscula. Folia alterna. Flores solitarii axillares. Character fructûs ex sicco;
undè Solaneis aut Scrophulariis affinis.
(Juss., *Gen. plant.*)

Ce genre a été classé parmi les Solanées par
quelques botanistes, sans doute à cause de la
structure de son fruit; il s'en éloigne par beaucoup de caractères, et se rapproche des Scrophulariées; mais nous n'avons pas eu l'occasion
de le voir.

JABOROSA.

Calix brevis 5-fidus. Corolla multò
longior tubulosa, limbo 5-fido. Stamina
summo tubo inserta, filamentis planis.
Stigma capitatum. Fructus....

Herbæ bonarienses. Folia radicalia.
Scapi 1-flori. (Juss., *Gen. plant.*)

Les caractères du genre *Jaborosa* ont été

formés sur une espèce trouvée dans l'herbier de Commerson, et nous ne pouvons décider s'il doit être conservé, n'ayant pas eu occasion de la voir.

TRIGUERA, Cav.

Calix 5-fidus. Corolla campanulata, irregularis, fauce dilatatâ; limbo subbilabiato, plicato, inæquali, vix 5-lobo. Staminum filamenta brevissima, basi coalita in membranam epipetalam, germini circumpositam; antheræ oblongæ, apice poro gemino dehiscentes. Stigma capitatum. Drupa parva, globosa, calice arctè semitecta, 4-locularis, loculis 2-spermis.

Herbæ. Pedunculi extraaxillares, 2-flori. (Juss., *Gen. plant.*)

Rangé au nombre des Solanées par quelques naturalistes, le genre *Triguera* nous paraît cependant s'éloigner beaucoup de cette famille par son fruit drupacé, et nous ne l'avons conservé dans cette section que par déférence pour des opinions que nous n'avons pu vérifier.

GENERA A FAMILIA REMOVENDA.

Une étude plus attentive des caractères botaniques de certains genres qu'on avait classés parmi les Solanées, nous a forcé à les rejeter de cette famille, avec laquelle nous ne leur avons reconnu que de faibles analogies ; et, n'indiquant pas même ici les rapprochemens qui ont déterminé certains auteurs à les classer parmi les Solanées, nous ne nous attacherons qu'à présenter leurs caractères négatifs et différentiels.

HEMIMERIS, Lin. fils.

Ce genre appartient évidemment aux Scrophulariées par toute son organisation. Sa corolle bilabiée, ses quatre étamines didynames, sa capsule ovale, aiguë, biloculaire, ainsi que ses tiges à rameaux quadrangulaires et à feuilles opposées ou verticillées, ne peuvent lui assigner une autre place.

RAMONDIA, Rich.

Le fruit capsulaire à placenta pariétaux éloigne ce genre des Solanées, dont il se rapproche

cependant par sa fleur. Sa végétation est analogue aux Primulacées, tandis que son fruit lui
donne de l'affinité avec les Beslériacées.

CELSIA, L.

Les plantes groupées sous ce nom générique
se rapprochent beaucoup des Scrophulariées
par leur quatre étamines didynames, par leur
fruit, et surtout par la rectitude de l'embryon
des semences.

CRESCENTIA, L.

La difformité de la corolle, qui porte quatre
étamines didynames, et la structure monoloculaire du fruit de ce genre, l'ont fait placer
par Kunth dans les Bignoniacées, dont il se
rapproche par une série de caractères.

BILLARDIERA, Smith.

Rapproché des Solanées par certains botanistes, ce genre en a été justement éloigné par
son calice polysépale et sa corolle polypétale.
Brown en a formé la famille des Pittosporées.

FABIANA, R. et P.

Ce genre s'éloigne tellement par son port
des Solanées, qu'il est impossible de l'y placer.

D'ailleurs sa capsule s'ouvre en deux valves bifides à leur sommet ; ce caractère, joint à l'inégalité des étamines, rapproche davantage ce genre des Scrophulariées. Il a beaucoup de rapport avec l'*Arragoa* de Kunth, qui a été rapproché des Bignoniacées.

SARACHA, R. et P.

Une baie monoloculaire serait peut-être un caractère qui pourrait éloigner ce genre des Solanées. Au reste, nous n'avons pu vérifier ses caractères, et nous ne savons pas jusqu'à quel point il appartient à cette famille, de laquelle on avait encore rapproché ou dans laquelle on avait fait entrer quelques autres genres très-peu étudiés, et dont les noms même ne sont que vaguement fixés.

FIN.

DISTRIBUTION DES MATIÈRES.

PREMIÈRE PARTIE.

Histoire médicale des Solanées.

DEUXIÈME PARTIE.

Histoire naturelle des Solanées.